# TRAITÉ SUCCINCT

# SUR LES ABEILLES;

## PAR M. CAGNIARD.

# PARIS,

LE NORMANT, IMPRIMEUR-LIBRAIRE.

1815.

# TRAITÉ SUCCINCT
# SUR LES ABEILLES.

## PREMIÈRE PARTIE.

### 1813.

## CHAPITRE PREMIER.

## DESTRUCTION ET ÉLEVATION.

### DESTRUCTION.

#### 1.

Il n'y a pas de pillage.

#### 2.

Les ennemis des abeilles se réduisent à rien.

#### 3.

Les maladies des abeilles se réduisent à rien.

#### 4.

La nourriture est presque toujours inutile.

#### 5.

Renfermer les ruches l'hiver, mauvais système.

#### 6.

Transvaser les ruches, mauvais système.

#### 7.

Marier les essaims, mauvais système.

#### 8.

Avoir une ruche grande pour les forts essaims; une moyenne pour les moyens, et une petite pour les foibles, est une illusion.

**9.**

Les abeilles craignent la fumée comme nous la craignons, et pas davantage.

**10.**

Toute nouvelle ruche inventée ne rapporte pas plus que les ruches de campagne, et la meilleure des ruches de campagne est égale à la meilleure des ruches inventées.

**11.**

Les essaims artificiels n'avancent à rien.

## ÉLÉVATION.

**1.**

Tout a sa plus grande hauteur dans la nature. Les mouches ne travaillent pas indéterminément ; elles s'arrêtent après un travail de deux mille sept cents pouces cubiques.

**2.**

Les plus forts essaims font un travail en cire qui n'excède pas quinze cents pouces cubiques.

**3.**

Quand la ruche n'essaime pas, les nouvelles nées, qui sont les travailleuses, ne poussent pas leur travail en cire au-dela de douze cents pouces cubiques.

**4.**

Quand un essaim a travaillé en cire selon sa force, l'année d'après, il n'y travaille plus ; cela regarde les nouvelles nées. En un mot, une abeille qui a travaillé en cire l'été où elle e née, n'y travaille plus au printemps suivant.

### 5.

Quand l'essaim a fait de la cire suivant sa force, il n'en fait plus ; il n'y a à cela qu'une seule exception.

### 6.

Tout ce que peut donner une ruche en essaim naît dans l'espace de quinze cents pouces cubiques.

### 7.

Les abeilles retournent toujours à la demeure primitive.

### 8.

Tant les anciennes nées que les nouvelles nées, à la demeure primitive.

### 9.

Depuis la naissance de la ruche jusqu'à sa mort, à la demeure primitive.

### 10

Les abeilles ne sont point engourdies dans les grands froids; tranquilles dans les froids tempérés, elles ne disent rien ; sitôt que les grands froids arrivent, elles bourdonnent, s'agitent, et font leur travail d'hiver, qui est d'entretenir la chaleur.

### 11.

La moitié des essaims meurent.

12.

Qu'une ruche essaime ou n'essaime pas, peu importe ; car, l'essaim dans la ruche, ou l'essaim dans une nouvelle ruche, c'est même chose.

13.

Le chêne ne nuit point aux abeilles.

14.

Il faut une ruche bien close et épaisse; l'abeille est saine.

15.

Le rucher le meilleur est celui qui a une température absolument égale à celle de l'air extérieur.

Nous allons éclaircir, suite par suite, toutes ces propositions ; nous dirons quelques mots auparavant. Il faut savoir ce que j'entends par ces mots, destruction et élévation : J'entends par destruction, ce qui tombe de soi-même faute d'être soutenu par la vérité ou l'utilité; j'entends par élévation, une série d'expériences sûres tendantes à perfectionner la ruche, le rucher, et la manière de gouverner les abeilles.

On sent que dans les propositions ci-dessus, je ne fais mention que de celles qui me sont particulières, et non de celles qui sont connues comme celle-ci : « Qu'on ne peut retirer d'un » même panier dans une même année, et de

» l'ouvrage et des essaims. » Cela est su, et, comme je ne dis rien contre, je suis censé l'adopter; je suis censé même m'en servir si j'en ai besoin; je n'énonce donc pas toutes les propositions connues et bonnes, mais celles que j'ai appris par l'expérience, et qui m'ont servi à former ma ruche, mon rucher, et à gouverner les abeilles.

Mon premier livre sur les abeilles porte ce titre: *Ruche et Rucher de la Prée*. Quelques personnes n'ont su ce que ce titre signifioit; il me semble cependant qu'on peut deviner, sans grande finesse, que c'est la ruche et le rucher dont on fait usage à la Prée : cela fait un titre clair; mais il y a une chose qui ne l'est pas autant, c'est que j'ai mis ce titre au singulier : croyant à l'imprimerie que c'étoit une erreur, on l'a mis au pluriel; le relieur, le croyant de même, a mis au dos du livre le pluriel. Ces erreurs sont excusables; voici pourquoi c'est mis au singulier : Quand on fait un ouvrage, on a un but; or, mon but n'étoit pas d'avoir des ruches et des ruchers, mais parmi les ruches et les ruchers, découverts ou à découvrir, chercher la meilleure des ruches, et le meilleur des ruchers. Toutes les ruches dont j'use et que je rejette, ne sont pas ruches de la Prée. Qu'est-ce qui portera ce nom? c'est celle que j'aurai trouvée;

si je ne la trouve pas, il n'y a pas une ruche de
la Prée ; si je la trouve, celle trouvée sera appelée Ruche de la Prée, nom de l'endroit où on
l'aura trouvée. Voilà le but, et il faut écrire ruche
au singulier. Ai-je trouvé cette ruche ? On en
décidera quand on aura connu son caractère.
Passons aux propositions.

# DESTRUCTION.

## I.

## Il n'y a pas de pillage.

Je m'étois douté depuis long-temps qu'il n'y
avoit pas de pillage ; il me paroissoit fort que
des abeilles, qui respectent tant les reines,
allassent attaquer une ruche où il y avoit une
reine. Je ne voulois croire au pillage qu'autant
qu'il n'y auroit que des mouches dans la ruche,
mais pas de reine. Dans cette fluctuation vint
une expérience, et d'autres à la suite qui me
prouvèrent qu'il n'y avoit jamais de pillage ;
voici cette expérience : Une ruche, façon de
Mahogani, étoit remplie de miel ; la ruche périt
au mois de mars ; loin de l'enlever, je la laissai
sur place pour essai ; la fin de mars se passe,
les deux tiers du mois d'avril, et pas de pillardes ;
à la fin d'avril, il vint huit jours de très-beau
temps ; les quatre premiers jours de ce beau
temps, pas de pillardes, mais seulement le cin-

quième. On conclut de là que, si les mouches tardent tant à attaquer une ruche qui n'est pas défendue, à plus forte raison n'attaquent-elles jamais une ruche qui a ses mouches. Au reste, il ne m'est pas arrivé de voir des pillages ; j'ai dit en avoir vu un; la suite m'a appris que je m'étois trompé. Il ne faut pas s'étonner de ce que les mouches ne soient venues que le cinquième jour, le temps avoit été assez laid jusque-là; les mouches, pressées d'aller en campagne, voloient peu à droite et à gauche. Ce ne fut donc qu'après les premiers besoins satisfaits qu'elles découvrirent la ruche morte.

2.

# Les ennemis des Abeilles se réduisent à rien.

Je puis dire affirmativement que jamais souris, mulots, musaraignes, papillons, vers, teignes, limaçons n'ont fait tort à mes abeilles; tous ces ennemis pour des ruches vivantes, sont des ennemis imaginaires ; une chose positive va encore mieux le prouver. Les ruches de M. Gelieu, servant aux essaims artificiels , sont séparées, comme on le sait, mais se communiquent par le dessous et par un trou au milieu de trois pouces de diamètre. Or, j'avois un foible essaim dans une de ces ruches. La visitant un jour, je trouvai un nid de foin dans la partie où n'étoient pas les abeilles ; l'animal y passa son hiver, et les abeilles ne furent point offensées. J'ai vu des guêpes attaquer les abeilles, mais ce ne sont pas les fortes qu'elles attaquent ( on sent qu'elles ne feroient que cela tout le jour ) ; ce sont celles qui sont traînantes, et celles surtout qui, s'étant battues avec d'autres, ont perdu leur aiguillon : il y a donc peu à craindre des ennemis du dedans ; quant aux ennemis du dehors, s'il y en a, on n'y peut porter remède. Voici ce qu'il y a à prendre garde seulement : C'est de purger le rucher et les ruches des araignées, afin que les mouches ne se prennent pas dans leurs filets.

Les fausses teignes se mettent dans la ruche, ou après sa mort, ou près de sa mort, c'est-à-dire quand il n'y a plus que des mouches et pas de reines, mais jamais de son vivant.

## 3.

# Les maladies des Abeilles se réduisent à rien.

Quand j'ai renfermé les abeilles, elles ont éprouvé ce qu'on appelle leur dysenterie ; mais depuis que je les tiens libres et à elles-mêmes, je ne leur ai connu aucunes maladies.

## 4.

# La nourriture est presque toujours inutile.

Quand on sait élever les abeilles, on ne doit jamais être dans le cas de les nourrir, et la nourriture est presque toujours inutile, parce qu'on ne nourrit pas une ruche peuplée, mais une ruche qui a peu de mouches. On parle de sirop, et chacun donne ses recettes de sirop; ce n'est pas là ce qu'il faut aux abeilles, c'est du miel: les abeilles n'élèvent pas le couvain avec du sirop, mais avec du miel: le sirop, porté dans les alvéoles, finit par se décomposer, s'aigrir, se corrompre, et gâter la ruche. C'est dire qu'une ruche est perdue que de dire qu'on a besoin de la nourrir. Il est très-difficile de mettre une ruche au point de se remonter; aussi, trouve-t-on que la nourriture est presque toujours inutile.

Si ce que vous donnez aux abeilles est enlevé subitement, alors il y a la reine; si elles l'enlèvent miette à miette et nonchalamment, alors la reine est morte, et il n'y a que des mouches.

Besoin de nourrir et nécessité de mourir, c'est presque même chose.

### 5.

## Renfermer les abeilles l'hiver, mauvais système.

On a vu à l'article 3 que je m'étois mal trouvé de les avoir renfermées.

### 6.

## Transvaser les ruches, mauvais système.

Tout ce que j'ai voulu transvaser a bien été d'abord, et mal ensuite ; sans me flatter d'expliquer le pourquoi, je dirai que l'abeille agissant animalement, vous interrompez par cette action l'animalité. Le couvain qui seroit venu est perdu ; autres désordres dont on ne se doute pas succèdent ; l'animalité enfin est interrompue.

Pour transvaser les ruches, je m'y prenois d'une façon fort simple. J'avois vu qu'avant de tailler les ruches anciennes, on secouoit la ruche pour faire tomber les abeilles, et qu'ensuite on tailloit ; alors j'ai choisi une chambre obscure ; au milieu étoit une table : on secouoit la ruche, et les abeilles tomboient sur la table ; après ce, on ne tailloit pas la ruche, on la dépouilloit. Cette affaire faite, les mouches se rangeoient en grappe sous la table ; et dès qu'elles étoient toutes rassemblées, on jetoit les mouches dans la boîte, comme on fait d'un essaim.

### 7.

## Marier les essaims, mauvais système.

Ce que j'ai vu de ces mariages, c'est qu'ils réussissent d'abord, et vont mal après. Je n'ai pas d'autre explication à donner de cela, sinon que l'art fait ces mariages, et pas la nature.

La nature et l'art s'accordent souvent bien ensemble, souvent mal ; c'est ce dernier qui arrive le plus pour nos abeilles. La greffe réussit, les mariages ne réussissent point. Les transplantations réussissent, les transvasemens sont pernicieux. La nature nous donne les abeilles saines, et par l'art nous les rendons malades. Elles ont avec nous des dysenteries, des indigestions, la rougeole, le vertige, la paresse, le poux, les fausses teignes, etc., et avec la nature, aucune vermine, aucune maladie. Peut-on croire, en effet, que la nature afflige de maladies une vie si courte, et qui doit être si active, si laborieuse ? Les affligeroit-t-elle de maladies, quand elle les oblige à vivre en masse et renfermées ? La peste seroit souvent chez elles. Elle a dû les faire saines, et si elles sont malades, elles ne le sont que par art.

8.

Avoir une ruche grande pour les forts essaims, une moyenne pour les moyens, et une petite pour les foibles, est une illusion.

C'est si bien une illusion, que, comme on le dit vulgairement, petit poisson deviendra grand. Il ne faut pas croire qu'en donnant un petit espace, on donne aux abeilles envie de travailler ; l'essaim n'est pas attiré par là, mais par le besoin. Ainsi, dans quelque lieu qu'il soit, il travaillera selon sa force, et autant que sa force. C'est encore une erreur de croire qu'un grand espace empêche d'essaimer. La nature ne regarde pas à l'espace, mais à ce qu'elle a à faire ; ainsi, quand il y aura nécessité d'essaimer, il y aura essaim ; s'il n'y a rien qui couve pour cela, il n'y en aura pas.

## 9.

Les abeilles craignent la fumée comme nous la craignons, et pas davantage.

J'ai usé de la fumée deux fois, et je n'en ai vu aucun bon effet. Les abeilles y résistent, et même ne s'en vont pas; ce n'est pas une chose qu'elles aient en horreur, et qui les fasse fuir. En un mot, elles supportent la fumée comme nous, et la craignent comme nous.

## 10.

Toute nouvelle ruche inventée, ne rapporte pas plus que les ruches de campagne, et la meilleure des ruches de campagne, est égale à la meilleure des ruches inventées.

La raison de ce que j'avance ici, est très-simple. Une ruche de campagne a tout ce qu'il faut pour être montée en cire, miel et couvain. S'il y a activité dans les mouches, il y aura tout ce qu'il peut y avoir. Qu'offrira de plus une ruche inventée? les amateurs disent, et le double

et le triple; cela ne sera pas exact , s'il n'y a pas
doubles mouches et triples mouches. A égal
nombre , il y a produit égal; à égale activité , il
y a produit égal. Les amateurs se flattent donc,
et il n'y a dans leur dire rien de réel.

## II.

## Les essaims artificiels n'avancent à rien.

Un homme qui s'attache à faire des essaims
artificiels, passe sa vie à partager des boîtes, et
à s'ôter la récolte. En effet , par l'essaim artificiel , on n'a une récolte ni de la mère ni de
l'essaim : on veut nous faire entendre la chose
autrement ; mais on sait qu'on n'a pas d'une
même ruche et dans une même année , une
récolte et des essaims. Que fera-t-on d'un essaim
artificiel ? Sans doute un autre essaim artificiel ,
et par conséquent pas plus de récolte. Aurez-vous
pour cela plus de boîtes qu'on n'en auroit par les
essaims naturels ? Non ; car ce qui vous fait faire
votre essaim artificiel , est ce qu'il faut pour
l'avoir naturel ; et au lieu même d'avoir deux
essaims, ce qui n'est pas rare, vous n'en avez
qu'un , heureux encore si ce seul réussit. Les
essaims artificiels se soutiennent donc par la
vérité , suivant les idées que nous avons données

du mot destruction, mais non par l'utilité. Aussi les regardons-nous comme objet de curiosité, et d'amusement.

Par notre manière de gouverner les abeilles, on verra que nous récoltons soit que la ruche essaime ou n'essaime pas ; et que par là même, nous n'avons pas à faire usage de la nourriture, des transvasemens, des mariages et des essaims artificiels.

## ELEVATION.

### I.

Tout a sa plus grande hauteur dans la nature. Les mouches ne travaillent pas indéterminément ; elles s'arrêtent après un travail de deux mille sept cents pouces cubiques.

Je parle ici d'un pays assez médiocre, en travail et en récolte. Ainsi, les mesures que j'aurai à donner, seront celles du pays, et non de tous les pays. Toutefois, comme il y a proportion, lorsqu'on trouvera chez soi une chose disproportionnée à ce que je dirai, c'est qu'il y aura disproportion en tout ; et par conséquent une seule disproportion fera connoître la proportion.

Il est donc vrai que tout a sa plus grande hauteur dans la nature; que quoiqu'on ne voie pas de raison pour que les mouches n'ajoutent pas toujours cire sur cire, et miel sur miel, cependant elles ne le font pas, parce que tout a sa plus grande hauteur dans la nature. Elles ne font donc pas exception à cette règle générale. Et en effet, c'est que j'ai vu qu'au-delà de deux mille sept cents pouces cubiques, elles n'ajoutoient rien. Il ne faut pas me citer des cuviers remplis de cire et de miel, ce n'est pas un seul essaim qui donne cette quantité, c'en sont plusieurs. Ainsi, les mouches ne travaillent pas indéterminément, elles s'arrêtent après un travail de deux mille sept cents pouces cubiques.

2.

Les plus forts essaims font un travail en cire, qui n'excéde pas quinze cents pouces cubiques.

Il n'y a pas de raison à donner de ce que j'avance ici, l'expérience suffit. Si cela se pousse dans certains pays à dix-huit cents, on sent que toutes les autres mesures s'ensuivront.

### 3.

Quand la ruche n'essaime pas, les nouvelles nées, qui sont les travailleuses, ne
poussent pas leur travail en cire au-delà
de douze cents pouces cubiques.

Cette proposition est comme l'autre; la vue
vérifie cela.

### 4.

Quand un essaim a travaillé en cire suivant
sa force, l'année d'après il n'y travaille
plus; cela regarde les nouvelles nées. En
un mot, une abeille qui a travaillé en
cire l'été où elle est née, n'y travaille
plus au printemps suivant.

Je n'ai jamais vu les abeilles mères travailler
en cire; rien n'est ajouté à ce qu'il y a déjà.
Quand les nouvelles abeilles sont nées, c'est alors
qu'on voit de l'addition. Si cette addition est peu
de chose, c'est qu'il y aura essaim; si l'addition
est très-grande, c'est qu'il n'y en aura pas. A
quoi s'occupent les mères? A élever le couvain,
à rapporter du miel en remplacement de celui

ôté, à rapporter de la cire brute, et à nettoyer la ruche. Elles n'ont pas besoin d'alvéoles, et elles n'en font pas. Elever le couvain les presse plus que de faire de la cire; aussi les nouvelles nées s'en occupent-elles seules. Elles font dans la mère-ruche, en miel et en cire, ce qu'elles feroient dans une ruche si elles essaimoient. Seulement, elles ne soignent pas le couvain, parce qu'il n'y en a pas dans leur ouvrage.

5.

Quand l'essaim a fait de la cire suivant sa force, il n'en fait plus ; il n'y a à cela qu'une seule exception.

L'essaim ne travaille en cire que les premiers jours; dès-lors qu'il en a fait selon sa force, il cesse, et il n'y ajoute rien de tout l'été. Le cas excepté est celui où lui donnant douze ou quinze livres de miel, les alvéoles ne suffisant pas, il en fait de nouvelles. Mais ce cas est forcé comme l'on voit, et personne, pour un peu de cire, ne s'avisera jamais d'une telle dépense. Cela prouve que ce n'est pas faute de trouver de la cire dans la campagne qu'il n'en fait plus, mais parce qu'il n'en a pas besoin.

Quand une fois l'essaim cessé de bâtir en

cire, vous donneriez toutes les hausses possibles ; grandes ou petites, cela ne sert de rien. On n'anime jamais les abeilles à travailler ; le besoin seul les anime. Il faut remarquer que l'essaim , ou les nouvelles nées dans la mère-ruche, ne travaillent en cire qu'une quinzaine. On voit d'après cela, que des hausses ne peuvent pas s'ajouter tout le temps de la belle saison, mais seulement au temps où elles font la cire, et où il y a un bon nombre de nouvelles nées. Encore, si elles doivent essaimer, soins inutiles.

6.

**Tout ce que peut donner une ruche en essaims, naît dans l'espace de quinze cents pouces cubiques.**

Une ruche qui avoit en cire dix-sept cents pouces cubiques, m'a donné un premier essaim de huit livres, un second de six, et un troisième de trois ; en tout, dix-sept livres pesant de mouches. Cela est extraordinaire ; et il ne faut pas en conclure qu'il leur faille dix-sept cents pouces. Car d'abord, elles eussent pu naître dans quinze cents ; et ensuite on ne doit rien faire pour les cas extraordinaires, puisque cela porteroit grand préjudice aux cas ordinaires. Tout ce que je sais, c'est qu'un essaim qui a mille pouces cubiques en cire, en a assez pour élever l'année d'après deux essaims. J'ai eu trois essaims dans quatorze cents pouces ; d'après cela, quinze cents suffisent. C'est d'ailleurs le taux en cire du plus fort essaim.

### 7.

## Les abeilles retournent toujours à la demeure primitive.

Ma ruche est composée d'un fond d'une seule tenue, et sur ce fond, on y met une boîte à gauche et une autre à droite. La boîte à gauche, est celle où on prend l'essaim. La boîte, et le premier fond rempli, les mouches passent dans le second fond et la seconde boîte. Là, elles travaillent l'été ; et quand le froid vient, elles se retirent dans le premier fond et la première boîte, demeure primitive.

### 8.

## Tant les anciennes nées que les nouvelles nées, à la demeure primitive.

On a vu les nouvelles nées, faire un travail qui n'est pas celui des mères, et on les croiroit comme séparées : cependant, quand les froids viennent, les nouvelles nées vont rejoindre les anciennes nées, parce que là est la reine, et leur reine.

## 9.

# Depuis la naissance de la ruche, jusqu'à sa mort, à la demeure primitive.

Voilà ce qui paroîtroit incroyable, si l'expérience ne venoit à l'appui. Depuis la dernière ruche que j'ai indiquée dans mon livre Ruche et Rucher de la Prée, j'en ai adopté une, qui a ce même fond d'une seule tenue, et dessus je mettois quatre boîtes, deux ouvertes, et deux fermées, cela faisoit avec le fond, une ruche à six parties, trois de chaque côté. Cet arrangement étoit fait, 1°. pour recueillir avec facilité, puisque les mouches se retirent ; 2°. pour que les mouches se transvasassent elles-mêmes au besoin. Or, c'est avec ces ruches, que j'ai appris, 1°. qu'elles n'alloient pas au-delà de deux mille sept cents pouces cubiques ; 2°. que bien qu'elles eussent des années, elles retournoient toujours à la demeure primitive. J'ai donc corrigé la grandeur de cette ruche, puisque je ne récoltois point ; mais je l'ai toujours laissée en deux séparations.

qui font quatre parties : et cela autant pour la facilité de la récolte, que pour les laisser encore se transvaser elles-mêmes, si elles le vouloient. Cependant, je ne compte point sur leur transvasement. Après sept et huit ans, conservant toujours la demeure primitive, il est croyable qu'elles y reviendront toujours. Cela combat l'opinion de ceux qui veulent qu'après trois ou quatre ans, on ôte la vieille cire, le vieux miel; mais cela ne combat pas la nature, puisqu'elle veut que dans un arbre, l'essaim reste jusqu'à sa mort dans la demeure primitive. Ainsi font-elles avec moi, quoiqu'e les aient le choix entre une nouvelle demeure, et une ancienne.

10.

Les abeilles ne sont point engourdies dans les grands froids ; tranquilles dans les froids tempérés, elles ne disent rien ; sitôt que les grands froids arrivent, elles bourdonnent, s'agitent, et font leur travail d'hiver, qui est d'entretenir la chaleur.

Si la proposition dernière surprend et paroît incroyable, celle-ci ne doit pas moins étonner et trouver des incrédules. Heureusement que la chose n'est pas difficile à prouver : allez écouter les ruches dans un froid de dix à douze degrés, et vous vous convaincrez de la vérité de ma proposition. Quand j'ai fait cette découverte, j'avois encore deux ruches de l'ancienne méthode, et elles faisoient le même travail d'hiver ; elles se donnoient de la chaleur par le mouvement.

## 11.

## La moitié des essaims meurent.

Voilà une proposition vraie ; elle est aussi vraie pour les abeilles, qu'elle l'est pour nous. Je la fais remarquer, parce qu'elle influera beaucoup sur notre manière de gouverner les abeilles.

## 12.

Qu'une ruche essaime ou n'essaime pas, peu importe ; car l'essaim dans la ruche ou l'essaim dans une nouvelle ruche, c'est même chose.

On sait qu'on n'a pas d'un même panier, dans une même année, et de l'ouvrage et des essaims. Si une ruche essaime on a un essaim, mais on ne récolte pas. Si une ruche n'essaime pas, on n'a pas d'essaims, mais on récolte. L'avantage est donc compensé. Par la suite, il pourroit peut-être bien ne l'être pas pour moi; car, on retire plus de miel d'un essaim sorti, que d'un essaim qui reste. Cependant, il y aura encore avantage, parce que si on a moins de miel, on est plus sûr d'une ruche qui n'a pas essaimé, que d'une ruche qui a essaimé. Quand on connoîtra notre manière de gouverner les abeilles, cela s'éclaircira.

13.

## Le chêne ne nuit point aux abeilles.

Un premier a dit : le chêne nuit; et d'autres sans l'avoir éprouvé, l'ont répété. Le chêne, demeure naturelle des abeilles dans les bois, n'est point nuisible quand il est employé dans un rucher ; j'en ai la preuve par mes ruches de sept et huit ans, et d'autres.

14.

## Il faut une ruche bien close et épaisse : l'abeille est saine.

C'est une chose certaine que depuis que je gouverne mes abeilles par des ruches closes et épaisses, je n'ai aucune vermine, ni aucun gâteau moisi. Pour que tout l'intérieur s'entretienne bien, il faut que la ruche soit chaude. Les abeilles faites pour vivre en tas et en masse, ne se nuisent point comme nous nous nuirions, si nous étions entassés dans une chambre. Elles sont saines entre elles. Il faut donc les tenir chaudement, et leur laisser seulement l'air des portes. Si une de nos ruches meurt, je trouve toujours l'intérieur de la plus grande propreté. Autrefois, je n'ai pas toujours trouvé les choses de même ; c'est ce qui me fait croire qu'une ruche close, bien fermée et épaisse, avec l'air seulement des portes, est la meilleure. Imitons les abeilles, elles bouchent tout, ferment tout, collent tout, elles ne veulent que de quoi sortir ; aidons à ce qu'elles veulent.

15.

# Le rucher le meilleur est celui qui a une température absolument égale à celle de l'air extérieur.

C'est là la principale qualité d'un rucher ; et pour bien dire, il n'y en a pas d'autre. Il n'est pas nécessaire d'observer que le rucher ne doit pas être dans un endroit frais ou humide ; car le thermomètre plus haut à l'air extérieur seroit plus bas dans le rucher. Voilà nos propositions achevées ; nous en allons faire l'application.

# CHAPITRE II.

## De la manière de gouverner les abeilles.

Tout gouvernement des abeilles tend à avoir, 1°. le plus de miel et de cire possible : 2°. le plus beau miel et la plus belle cire ; 3°. à récolter sans crainte, sans risque, et sans nuire aux abeilles ; 4°. à agir et faire le moins possible.

Pour atteindre le premier point, il faut se reporter à l'article 11 de l'élévation ; la moitié des essaims meurent, et ajouter ici : on ne retire rien de cette moitié, puisque quand l'essaim meure, il n'y a plus de miel. Que faire pour avoir cette moitié ? On le devine peut-être ; c'est de ne pas la laisser vivre pour mourir, mais de la laisser vivre pour la récolter. En conséquence, l'essaim vivra jusqu'au mois de septembre, et au mois de septembre on le fera périr. Ce que je dis de cette moitié d'essaim, je le dis aussi de l'autre moitié. Ainsi on fera périr les essaims.

On commencera donc par fixer le nombre des mères-ruches qu'on voudra avoir. Ce nombre acquis, il faudra l'entretenir en cas de perte. Pour cela, on aura deux sortes de ruches ; une pour les mères, une pour les essaims. Les plus forts essaims seront mis dans la ruche semblable aux mères ; cela fait que si quelques-unes de vos mères viennent à mourir ayant des ruches semblables aux mères, vous avez de quoi les remplacer, et vous êtes tout aussi avancé qu'on peut l'être ; car la mère morte a un survivant dans l'année, au lieu de l'avoir l'année d'après.

Voulez-vous vous fixer à douze mères-ruches, vous aurez pour recevoir les essaims, un tiers de ruches à mères, c'est quatre ; et un tiers de ruches à essaims, c'est pour huit essaims, mais néanmoins quatre ruches ; car une ruche à essaims en tient deux. Il ne faut pas s'effaroucher d'avoir deux sortes de ruches ; car ces deux sortes, c'est la même ruche. Il n'y a de différence qu'une cloison épaisse de deux pouces au milieu du fond, laquelle cloison est ouverte dans les ruches à mères, et fermée dans les ruches à essaims. Ainsi, une ruche à mères devient ruches à essaims, comme une ruche à essaims devient ruche à mères ; il ne s'agit que de la cloison ouverte ou fermée, pour devenir l'une ou l'autre Si l'on ferme la cloison dans les ruches à essaims, c'est que devant faire périr les essaims, il leur suffit, comme la ruche a deux côtés, de n'en avoir qu'un seul. Ainsi, une ruche sert à deux essaims ; d'après cela, celui qui se fixe à douze ruches, a d'abord douze ruches à mères ; plus quatre autres à mères où il met des essaims pour réparer les pertes ; plus quatre autres à essaims qui contiennent huit essaims. Enfin, avec vingt ruches, on a de quoi faire tenir douze mères et douze essaims.

Si l'on s'appitoie sur le sort que je réserve aux essaims, je prierai d'observer que les abeilles vivent peu, que la moitié des essaims meurent, et que nous nous conduisons avec les agneaux, poulets, veaux, dindonneaux, canards, pigeons et autres, comme avec nos essaims. A la vérité, le besoin de nous nourrir nécessite cela; mais le besoin du miel ne nécessite-t-il pas d'en avoir le plus possible ? Il n'y a rien de raisonnable à objecter ; et nous ne sommes pas plus cruels ici que nous ne le sommes ailleurs. A élever les abeilles pour elles, il faut les garder : à les élever pour nous, il faut les soumettre à nous donner le plus possible.

Cette façon donne effectivement le plus possible ; car, si nous nous reportons à l'article de la destruction, où toute nouvelle ruche inventée ne rapporte pas plus que les ruches de campagne, et où la meilleure des ruches de campagne est égale à la meilleure des ruches inventées, nous trouverons que le nôtre ne rapportera pas davantage. Or, on estime ici que les anciennes ruches donnent l'une dans l'autre, et les années les unes dans les autres, quatre livres de miel. Or, quel est l'essaim qui ne fournit pas cela, et plus que cela, puisqu'il donne suivant sa force, douze, quinze, vingt et vingt-quatre livres de miel? Certes, il n'y a pas de comparaison à faire. Ce n'est cependant pas encore ce qui m'arrêteroit, si je n'avois pas appris que la moitié des essaims meurent, et que cette seule moitié donne déjà à elle seule autant que toutes les mères ruches. Il faut donc faire périr les essaims, conserver néanmoins autant d'essaims qu'on pourra croire qu'il périra de mères-ruches, et par cette méthode on sera sûr de retirer de ses abeilles le plus de miel et de cire possible.

Dans notre manière de gouverner les abeilles, voici comme il faut considérer la chose ; nous avons dit, articles 7, 8 et 9, élévation, que les mouches alloient toujours rejoindre la demeure primitive : par conséquent, voilà l'arbre. C'est même si bien un arbre, que nous disons, art. 2, élévation : « Les plus forts essaims font un travail » en cire qui n'excède pas quinze cents pouces » cubiques. » Or, ces quinze cents pouces cubiques, nous les abandonnons aux mères, et n'y touchons pas tant qu'elles vivent. Nous usons de la boîte vide, qui a neuf cents pouces cubiques, dans laquelle boîte viennent travailler les nouvelles nées qui essaiment ou n'essaiment pas. S'il n'y a pas essaim, il y aura travail. Or, ce travail de la boîte, quand les mouches se retirent à la demeure primitive, est tout entier à nous, et ce travail peut bien s'appeler un fruit de l'arbre. S'il y a un essaim, cet essaim est encore un fruit de l'arbre. Aussi avons-nous douze mères, nous laissons subsister ces douze arbres, et nous cueillons seulement leurs fruits. Le premier fruit est celui cueilli dans la mère-ruche hors de la demeure primitive; le second fruit, c'est l'essaim. Nous trouvons dans cette manière le plus grand profit auquel on puisse atteindre, et le cas où l'on recueille aussi le plus de miel et de cire possible.

Si l'on trouve que l'on a par cette façon le plus de miel et de cire possible, il sera aisé de se persuader que l'on aura par elle le plus beau miel et la plus belle cire. Car, ce qui se fait dans les neuf cents pouces cubiques de la mère-ruche, est du miel nouveau et de la cire nouvelle, et ce que donnent les essaims, c'est même chose. Ainsi, on n'aura pas seulement la quantité, mais encore la qualité; tout le miel sera blanc, et toute la cire presque blanche.

Quant à l'article de récolter sans crainte, sans risque, et sans nuire aux abeilles, cela est clair; car, si vous prenez la boîte de neuf cents pouces cubiques, quand les abeilles, par le froid, se retirent dans les quinze cents, alors vous recueillez sans crainte et sans risque, et ensuite sans nuire aux abeilles; car ce que vous leur ôtez ne leur est pas nécessaire, c'est le superflu.

Quand à agir et à faire le moins possible, cela ne sera pas contredit. En effet, suivant nos articles *destruction*, nous sommes débarrassés de tous les soins inutiles des amateurs, et de leurs craintes aussi. Une fois l'essaim dans la ruche à mères, il est comme abandonné, on n'y touche pas. On n'a des soins que pour ramasser les essaims, et en retirer le miel du 1ᵉʳ au 8 septembre; et ensuite du 1ᵉʳ au 10 novembre, suivant le froid, récolter la boîte des mères. Comme à cette époque les boîtes dés essaims se trouvent propres, quand on ôte une boîte des mères, on en remet une de celle des essaims, et celles des mères nettoyées, on les remet sur les ruches à essaims. Là se bornent tous nos travaux; et le seul soin que je demande et exige, c'est que si l'on voit cette lourde ruche renversée à terre, on la ramasse.

# CHAPITRE III.

## De la ruche.

Le fond de ma ruche est une boîte longue, sur laquelle on met deux boites, l'une à gauche et l'autre à droite.

Ce fond a en dedans vingt-deux pouces de

longueur et dix de largeur. Trois choses l'accom-
pagnent, une cloison et deux planchettes. La
cloison est mise au milieu; elle est épaisse de
deux pouces, elle est élevée du fond de six lignes;
elle est percée de huit trous de dix lignes de diamètre, quatre trous plus bas et quatre trous plus
haut. Les planchettes sont pour faire la séparation du fond d'avec les boîtes; elles s'appuient
sur quatre entailles, deux par-devant, deux par-
derrière; on laisse à l'entour un vide de six lignes
sauf aux entailles; on fait seize trous à la plan-
chette qu'on distribue quatre par quatre.

La hauteur du fond est de quatre pouces, dont
six lignes employées pour la planche du fond,
et six lignes pour les planchettes; restent trois
pouces qui font l'espace que nous désirons Le
bois est de chêne, et l'épaisseur du bois, un pouce.
Il y a par-derrière deux fenêtres de deux pouces
de diamètre; une à gauche, une à droite, sises
au milieu du bord en dedans, et de la cloison :
un morceau de bois rond tournant à un clou, fait
le volet. Les portes sur le devant, sont neuf trous
ronds de six lignes de diamètre. Le premier trou,
commencé au milieu, est suivi à trois lignes de
distance, de quatre à droite et quatre à gauche;
puis, deux trous ronds d'un pouce de diamètre,
l'un à droite, l'autre à gauche, et placés comme
les fenêtres, au milieu des dix pouces, entre le

bord en dedans et la cloison. Sur le devant est une planche de la longueur de la ruche, de quatre pouces de largeur et de six lignes d'épaisseur ; elle sert aux abeilles pour la rentrée, la sortie et la récréation. Il y a deux poignées sur les côtés en dehors pour transporter la ruche où l'on veut.

Les boîtes sont en chêne d'un pouce d'épaisseur, sauf le haut qui n'a que six lignes. Elles ont en dedans neuf pouces de hauteur et dix de largeur. Les fenêtres sur le derrière sont de quatre pouces de diamètre; un morceau de bois rond tournant à un clou, fait le volet : il y a un bouton au haut pour les prendre.

Les boîtes comme le fond sont assemblés à queue d'aronde.

Une ruche à essaim a la cloison fermée au lieu d'être ouverte, et les neuf portes fermées aussi. Les deux trous ronds d'un pouce de diamètre, servent d'entrée; par ce moyen la ruche contient deux essaims.

La ruche ainsi construite, donne pour la boîte à gauche, neuf cents pouces cubiques d'espace, et le fond trois cents ; total, douze cents. La boîte à droite et le fond, fournissent douze cents autres pouces d'espace ; total pour la ruche, deux mille quatre cents. On abandonne aux mères quinze cents pouces cubiques, c'est-à-dire la boîte à gauche et les deux fonds. Tout ce qu'il y a d'ouvrage dans la boîte à droite, de neuf cents pouces cubiques, est pour le maître.

On met l'essaim dans la boîte à gauche, parce qu'on taille plus aisément de la main droite, et que la boîte à droite est réservée pour la taille. La gauche et la droite sont prises de celui qui regarde par les fenêtres.

Il faut suivre maintenant les principes que nous avons posés, résultat de l'expérience, et faire voir que la ruche y répond.

Article 2 : « Les plus forts essaims font un tra-
» vail en cire qui n'excède pas quinze cents pouces
» cubiques. »

Les quinze cents pouces sont donnés, neuf par la boîte, trois par le fond à gauche, et trois par le fond à droite.

Article 6 : « Tout ce que peut donner une
» ruche en essaim naît dans l'espace de quinze
» cents pouces cubiques. »

Les quinze cents pouces cubiques sont donnés comme ci-dessus.

Art. 3 : « Quand la ruche n'essaime pas, les
» nouvelles nées qui sont les travailleuses, ne
» poussent pas le travail en cire au-delà de douze
» cents pouces cubiques. »

Au lieu de douze cents pouces, j'ai jugé à propos de n'en donner que neuf cents, parce que c'est l'extraordinaire qui va à ce nombre de douze, et qu'il vaux mieux travailler pour ce qui sert à toutes les ruches, que pour ce qui ne sert qu'à un petit nombre. Ensuite, ce que l'on perdra en cire par cet extraordinaire, on le gagnera en miel, car les mouches ne faisant plus de cire, ramasseront du miel. En troisième lieu, cela égalise les boîtes; et en quatrième lieu, il ne faut pas étendre les limites des abeilles jusqu'au désert; car nous savons qu'elles cessent à deux mille sept cents pouces cubiques; c'est ce que dit l'article premier: « Tout » a sa plus grande hauteur dans la nature. Les » mouches ne travaillent pas indéterminément; » elles s'arrêtent après un travail de deux mille » sept cents pouces cubiques. »

Les articles 7, 8 et 9 demandent qu'elles ayent à part leur demeure primitive; elles l'ont.

L'article 13 ne dit pas expressément qu'il faille une ruche en chêne préférablement à tout autre; mais comme il dit qu'il ne nuit pas aux abeilles, et que l'expérience l'a prouvé, on se sert du bois de chêne.

L'article 14 veut une ruche close, épaisse, et où il n'y ait d'air que par les portes; on a cela. Et l'article 10 vient à l'appui de cette bonne fermeture, puisque les abeilles travaillent dans les grands froids à se donner de la chaleur.

# CHAPITRE IV.

## Du rucher.

Chacun peut se faire un rucher à sa guise, pourvu qu'il ait la qualité exigée par l'article 15. « Le rucher le meilleur est celui qui a une tem- » pérature absolument égale à celle de l'air exté- » rieur. » Je ne ferai donc pas la description en- tière d'un rucher : je dirai seulement ce que peut faire de mieux celui qui voudra s'arrêter à une douzaine de mères-ruches, et à qui il faut vingt ruches.

Le rucher sera long de trente-deux pieds, et large de douze. A la distance de quatre pieds huit pouces du mur de derrière, on bâtira une petite muraille de seize pouces de hauteur, et de seize pouces de large. La longueur de la muraille sera de quinze pieds à droite, quinze pieds à gauche, et les deux pieds du milieu seront pour le pas- sage. Sur la petite muraille sera une planche de deux pouces d'épaisseur, ce qui remplira le pied et demi. A quatre pieds de hauteur, compris la planche de deux pouces d'épaisseur, sera le se- cond étage. Ce second étage sera soutenu de trois pieds en trois pieds, par une planche debout et échancrée au bas, pour voir en devant toute la file des ruches. Dans les trois pieds tient une ruche. A six pieds de la petite muraille sera l'espalier, faisant au midi la fermeture du rucher. De la terre jusqu'au toit, il y aura tout du long neuf pieds d'ouverture. Au milieu en devant, sera un pilier de deux pieds carrés, pour servir, avec les murs, à établir la charpente. Le rucher étant au midi, la porte d'entrée sera au levant ou au couchant, suivant la position de la maison, et correspondra à la galerie servant de promenade. On pratiquera au milieu du mur de derrière, un cabinet ou au moins un enfoncement pour s'asseoir.

Ce rucher ainsi fait, on mettra dix ruches au premier étage, et dix ruches au second. Les six premières ruches du premier étage, et les six du second, sont les douze mères-ruches. La septième et la huitième ruche du premier étage, comme la septième et la huitième du second étage, sont les quatre ruches recevant les essaims, en remplacement des mères mortes, s'il y a lieu. La neuvième et la dixième des deux étages, sont les quatre ruches à essaims recevant les huit essaims. Le total est douze ruches et huit ruches, faisant vingt, et contenant douze mères et douze essaims.

On ne doit pas mettre dans les quatre ruches remplaçant les mères mortes, s'il y a lieu, les premiers essaims précisément, mais ceux qu'on pensera devoir être les plus forts. On ne doublera pas les ruches à essaims, qu'on n'ait rempli les huit ruches, les quatre à mères, les quatre à essaims. Ainsi, la doublure ne commencera à avoir lieu qu'au neuvième essaim.

Pour faire les ruches à meilleur compte, on doit acheter le bois, et faire faire les ruches chez soi.

Je ne conseille pas à un propriétaire plus de douze mères ruches. C'en est assez pour s'amuser, se délasser et prendre plaisir aux abeilles ; plus pourroient l'excéder et le dégoûter.

Je conseillerois le toit en tuile. Les tuiles s'échauffent et échauffent le rucher. En général, si l'on veut quelque chose de bon et de durable, il ne faut employer, comme je l'ai fait, que le bois, la pierre et la tuile. On ne doit pas planter d'arbres à l'espalier de devant, faisant de ce côté la fermeture du rucher.

On ne jettera pas de sable devant la petite muraille ; les abeilles étant velues, ne s'accommodent pas de cela. Le meilleur est par-derrière un parquet à la capucine, et par-devant de grands carreaux allant un peu en pente.

Pour monter un rucher, il faut acheter des ruches anciennes. Si vous donnez vos boîtes à remplir, les paysans ne vous les remplissent que de seconds essaims ; si vous transvasez, vous interrompez l'animalité. Achetez des ruches, et attendez les essaims.

Les choses utiles sont, une tête de loup ; un balai et un plumeau ; plus, de la cire et une brosse, si vous mettez en couleur votre parquet à la capucine, ce que je conseille, enfin, un habillement dont le masque ne sera point en crin, mais en toile métallique.

Il n'est pas nécessaire de faire observer que, d'après notre manière d'élever les abeilles, on sait à quoi s'en tenir ; que toutes les ruches dont on a besoin sont au rucher, et nulles éparses, à faire, à refaire, ou au grenier ; et que quand on est monté à ce qu'il faut, c'est une œuvre complète à laquelle il n'y a dans aucun temps à ajouter ni à retrancher. Dire que notre méthode pour les mères se rapproche de la nature, et les rend aussi libres qu'elle ; que la même pour les essaims, vient à notre plus grand heur et profit ; que par elle, nous récoltons, soit que les mères donnent des essaims ou n'en donnent pas ; que par elle, nous n'avons pas à faire usage de la nourriture, des transvasemens, des mariages et des essaims artificiels ; qu'enfin, la ruche est la plus commode, comme la plus désirable pour nous et pour les abeilles, c'est chose inutile. Ajouter que les dépenses une fois faites, elles servent aux fils, petits-fils et arrières-petits-fils, c'est chose vaine. C'est chose vaine encore que de dire que pareil établissement et enjolivement donne du prix à

une maison de campagne, et que si l'acquéreur
ne peut pas être aux abeilles, il y a le jardinier
qui a vu dans cette culture, peu de soin, de ris-
ques et de pertes de temps, joint à une récolte
vierge et abondante. Tout l'ouvrage par voie pré-
cise ou indirecte indique cela, comme il indique
aussi qu'il faut mettre hors de notre sphère les
impatiens, les curieux, les tracassiers et les mi-
nutieux. Nous ne pouvons jouir de nos richesses
qu'autant que nos heures s'écouleront dans l'in-
dolence et l'oisiveté. Nous ne nous réveillons qu'au
bruit des essaims. Aussi avons-nous conseillé le
cabinet, ou au moins un lit de repos dans un enfoncement pour rêver à l'aise.


FIN DE LA PREMIÈRE PARTIE.

# TRAITÉ SUCCINCT

# SUR LES ABEILLES.

## SECONDE PARTIE.

### 1815.

~~~~~~~~~~~~~~~~~~~~~~~~~~~~~~~~~~~~~~~~~~~~~~~~~~~~~~~~~~~~~~~~

## CHAPITRE PREMIER.

Ruche de la Prée proprement dite.— Deuxième ruche.
— Deuxième rucher.

———

Monsieur, vous me demandez ce que c'est que cette nouvelle et deuxième ruche admise au concours, et que l'on dit devoir, quand ses preuves seront faites, remporter le prix sur celle au rucher maintenant : ce que c'est que cette ruche que l'on cherchoit, qui est trouvée, et qui sera la seule appelée ruche de la Prée. Je vais vous satisfaire.
~~~~~~~~~~~~~~~~~~~~~~~~~~~~~~~~~~~~~~~~~~~~~~~~~~~~~~~~~~~~~~~~

Vous savez, Monsieur, que l'expérience nous a appris qu'il y avoit deux travaux séparés, celui des mères et celui des nouvelles-nées ; que les mères avoient besoin d'un espace de quinze cents pouces cubiques, et les nouvelles-nées d'un de douze cents. En conséquence, la boîte des mères est ainsi formée : quinze pouces de hauteur et dix pouces quarrés en largeur, le tout dans œuvre. Il y a un fond au haut de neuf à dix lignes d'épaisseur, et sur ce fond une anse pour enlever la boîte. Derrière sont deux fenêtres de trois pouces de diamètre, placées au milieu des sept pouces et demi d'en-haut, et des sept pouces et demi d'en-bas ; deux volets tournant à un clou ôtent le jour. Au milieu en dedans sont deux bâtons en croix de six lignes quarrées pour le soutient de l'ouvrage, et enchâssés dans leur point de réunion. On pratique au bas neuf portes rondes de six lignes de diamètre. Le bois est de chêne, rassemblé à queue d'aronde, et d'un pouce d'épaisseur.

La boîte des nouvelles-nées a douze pouces de hauteur et dix pouces quarrés en largeur, le tout dans œuvre : le fond en haut et l'anse sont comme la boîte des mères ; il n'y a point de fe=nêtres ni de bâtons en croix. Voici ce qui la distingue : une arcade au bas en devant, de trois pouces de hauteur et huit pouces de longueur, et par-derrière une coupure au bas, de huit pouces de longueur et un pouce de hauteur.

Ces deux boîtes ainsi faites, on conçoit que la boîte des mères se met par derrière, et celle des nouvelles-nées par devant ; que c'est par cette raison que l'on fait à la boîte des nouvelles-nées l'arcade et la coupure au bas, afin de laisser les portes des mères libres, et faciliter le vol au fond. Cette arcade ouverte, donnant plus de froid, sert encore à faire retirer plus tôt les nouvelles-nées dans la boîte des mères. Cette boîte de devant, servant seulement aux nouvelles-nées, n'a de l'ouvrage qu'en été ; or, il n'y a rien à craindre par une grande ouverture. D'ailleurs, les anciennes ruches ne sont-elles pas plus ouvertes ? Elles le sont tout autour. Vous ferez attention qu'il n'y a pas là de couvain ; que la boîte n'est faite que pour recueillir le travail de mouches qui n'essaiment pas ; et que si elles n'ont pas de couvain, c'est qu'il n'y a pas de reine, comme dans un essaim que l'on prend. Vous noterez que ce travail est du superflu, puisque l'espace convenable aux mères est donné et rempli : vous apprendrez d'autant plus que c'est du superflu, que les nouvelles-nées, quand le froid vient, se retirent, et vous laissent tailler librement.

Le travail des nouvelles-nées est un travail dans leur boîte sans reine ; le travail des essaims est un travail dans leur boîte avec une reine. Il y a couvain ici ; il n'y a pas de couvain de l'autre part. Le couvain est dans la boîte des mères : ce couvain de la boîte des mères éclos, il s'accumule, s'amoncèle, et fait bande à part. S'il doit y avoir essaim, ce tas fait un ou deux gâteaux très-petits ; c'est peloter en attendant partie : s'il ne doit pas y avoir esaim, ce tas fait plus ou moins de cire, et remplit les alvéoles de plus ou moins de miel. Le froid venant, la troupe abandonne son miel, sa cire, et va se joindre à la reine : voilà l'histoire du travail des nouvelles-nées.

Soit que la ruche essaime ou n'essaime pas, je récolte : si elle n'essaime pas, j'ai le travail des nouvelles-nées ; si elle essaime, j'ai le travail de l'essaim ; et dans l'un ou l'autre cas, rien que de beau, de bon et d'abondant.

Voici la différence qui existe entre l'ancienne méthode et la mienne : c'est que dans l'ancienne méthode on garde l'essaim, parce qu'on le croit utile ; et que, dans la mienne, on le fait périr, parce qu'il est inutile. Comme la moitié des essaims meurent, il se trouve que j'ai ce profit, quand dans l'autre méthode on le manque. Ayant ainsi que les autres à remplacer, mon profit consiste donc dans la moitié des essaims qui meurent, et dans la beauté de la récolte.

Trouver un profit par une ruche inventée, est une idée vaine ; lisez la proposition dixième de la *destruction* : *Toute nouvelle ruche inventée,* etc. Mais trouver du profit dans des essaims qui mourroient si on les laissoit vivre, et dont on n'auroit rien, ce n'est pas une chimère ; c'étoit le seul profit qu'on pouvoit trouver aujourd'hui et après tant de siècles. Mais pour cela il falloit savoir que la moitié des essaims mourroient ; et, pour former la ruche la meilleure, c'est-à-dire, pour le bien des mouches, la moins sujette à être maniée et la plus aisée à tailler, il falloit savoir que les mouches retournoient toujours à la demeure primitive, et que les nouvelles-nées faisoient un travail séparé. Aussi, c'est ce qui a amené la boîte des mères et la boîte des nouvelles-nées.

Rendons sensibles ces mots, *que je récolte, soit que la ruche essaime ou n'essaime pas.* Supposons que toutes vos mères-ruches aient essaimé ; ayant toutes essaimé, il n'y a de l'ouvrage dans aucune, et votre récolte est nulle : moi, au contraire, je récolte les essaims. Supposons, à présent qu'il n'y ait d'essaim ni de votre part, ni de la mienne ; alors notre récolte est semblable : nous récoltons chacun sur les mères, parce qu'il y a de l'ouvrage. Il y a donc un cas où vous ne récoltez pas, et je récolte dans les deux cas.

S'il y a un cas, dites-vous, où nous ne récoltons pas, nous avons les essaims. Oui, mais la moitié des essaims meure ; et voilà une moitié que vous n'avez pas : votre autre moitié sert à remplacer.

J'ai fait apercevoir jusqu'ici que mon profit consistoit dans la moitié des essaims qui mouroient, et la beauté de la récolte ; je vais faire apercevoir un autre profit, peut-être non moins grand. Ce profit ne consiste pas, comme je l'ai réfuté plus haut, dans une ruche où les mouches travaillent doublement et triplement ; j'ai dit que cela ne pouvoit pas être, et que la meilleure des ruches inventées étoit égale à la meilleure des ruches de campagne. Ainsi, ce n'est pas dans une pareille ruche que je sais ne pouvoir exister, que je cherche mon profit, mais dans une ruche faite pour le plus grand bien des mouches, c'est-à-dire, une ruche non taillable, non tracassable. En effet, l'essaim mis dans la boîte des mères, n'est nullement inquiété dans sa vie, ni dérangé ; il est remis non dans les mains des hommes, mais dans les mains de la nature, c'est là ce qui le sauve : et je ne doute pas qu'une ruche ainsi confiée, travaillant dans le silence, et libre de toute main humaine, ne vive au-delà de ce que vivent les autres ruches. Or, voyez quel profit ! ce n'est plus la moitié des essaims qui mourroient dont vous retirez le fruit ; vous profitez des plus beaux et des plus forts essaims qui remplaceroient, c'est-à-dire, que vous avez sans exagérer, et le double et le triple ; car un essaim fort a vingt-quatre ou trente livres de miel, quand un essaim qui doit mourir, et que vous sacrifiez, n'a que de six à huit livres. Mais mettons que ce ne soit qu'un bon essaim, c'est-à-dire, un essaim ordinaire, un essaim qui se sauve : l'essaim qui se sauve, fait mille pouces cubiques en cire ; sur ces mille, les quatre cents d'en-bas sont vides, et les six cents d'en-haut sont remplis de miel. Trois cents pouces cubiques contiennent dix livres de miel ; et six cents pouces, vingt livres : vous aurez donc vingt livres de miel. Voulez-vous qu'un essaim ordinaire à mille pouces cubiques en cire, n'ait pas vingt livres de miel ? Vous ne me refuserez pas quinze livres ; car, sans cela, il seroit moins qu'ordinaire : Eh bien ! ces quinze livres que vous m'accordez, n'est-ce pas déjà le double de six à huit; et plus loin ne trouveroit-on pas le triple ?

Mon profit consiste donc dans trois choses : dans la boîte des mères non taillable, non tracassable, ce qui donne lieu à récolter de forts essaims; dans les essaims qui mourroient, et dans la beauté et la virginité de la récolte.

Pour ne pas laisser plus long-temps le lecteur dans l'idée que le profit, dont je viens de parler, soit la plus superbe chose du monde, je lui dirai, pour lui rasseoir l'esprit, qu'à la vérité ce profit arrivera, parce qu'il est impossible qu'une ruche non taillable, non tracassable, ne vive pas plus long-temps qu'une autre taillée et tracassée ; mais que cela cependant n'arrivera pas à toutes les ruches. Les ruches meurent à tout âge, et pas toujours par des motifs de taille ou de tracasserie : or, je n'éviterai pas que mes ruches ne meurent à tout âge, mais je profiterai dans la taille et la tracasserie des autres, de ce qu'ils ne profitent pas. Ainsi, ayant un profit sur eux, parce qu'ils gardent des essaims qui meurent, j'aurai encore un autre profit sur eux, parce qu'ils taillent et qu'ils tracassent.

Ce profit néanmoins, pour peu qu'il m'arrive, sera toujours grand ; car, notez qu'autant je pourrai faire vivre une ruche, sans la tailler et la tracasser, autant de forts essaims me tomberont sous la main. Il est vrai que les mères m'ôteront, par leur mort, de forts essaims; mais j'espère bien, par quelques longues vies, en avoir ma part.

Je n'aurai donc pas qu'un seul profit, celui des essaims qui meurent; j'en aurai deux, par les plus forts essaims qui me resteront : et comme le plus beau miel et la plus belle cire se vendent plus, j'en aurai trois.

Chaque pouce de hauteur de ma ruche fait cent pouces cubiques: si, suivant le pays, on désire l'augmenter ou la diminuer, on sera à même. Cependant, j'avertirai que, telle qu'elle est, elle fait face aux trois quarts des demandes de la terre. Outre qu'elle jouit d'un bon espace, elle a encore ce qu'on désire. un tiers de hauteur plus que de largeur : la largeur est dix pouces, et la hauteur est quinze.

Je n'ai pas encore vu d'inconvénient à ce que le fond d'en-haut soit plat; s'il y en avoit, je n'aurois pas conservé des ruches si long-temps, et mes gâteaux se seroient moisis. Je n'ai pas de gâteaux moisis, et je conserve mes ruches long-temps. Un véritable inconvénient, c'est de donner trop de largeur à sa ruche.

4.

Il n'y a pas à me reprocher que j'empêche d'avoir beaucoup de ruches ; j'ai donné le *minimum*, qui est douze ; et on pourra en avoir autant que le pays en comportera. Si je prêche la médiocrité, c'est qu'il y a plus de profit et de sûreté avec elle, qu'avec une fausse et éblouissante grandeur. Un homme qui dit s'être élevé à cent ruches, n'est pas loin de retomber à vingt : la nature cherche toujours son niveau, afin qu'il n'y ait rien qui surcharge la terre. On a donc raison de l'étudier, se conformer à elle, et, dans ses effets funestes, la prévenir.

Ce seroit un préjugé de croire que trois douzaines de ruches donnent comme trois fois douze : une première douzaine vaut son prix, et trois douzaines, loin de valoir trente-six ruches, n'en valent pas trente.

On entend bien que tout est relatif au pays, et que, si je conseille douze ruches dans un pays ordinaire, on pourroit dans un pays riche et abondant, en avoir vingt-quatre ou trente-six : le tout est que les trente-six donnent comme trois fois douze.

J'ai vu des mortalités arriver chez chacun ; moi, qui me suis toujours tenu dans le *medium*, je n'en ai jamais éprouvé : aussi, je pense que celui qui aura douze ruches n'en éprouvera pas ; il y a un je ne sais quoi qui épargne la médiocrité.

Si l'on comprend bien la structure des deux boites, leur placement, leur usage, on verra qu'il n'y a rien de plus simple : si l'on envisage la taille, rien de plus aisé : enlever la boîte des nouvelles-nées, quand elles se sont retirées, cette boîte qui n'est attachée ni par cordes ni par autres liens, ni même par les mouches, n'est pas difficile. S'il y a deux boîtes, c'est qu'il y a deux destinations qui ne se ressemblent pas.

Je vais donner de fortes preuves que notre ruche ne peut manquer son effet. Tout le monde sait que dans les anciennes ruches, les mouches, quand elles n'ont point de place, travaillent entre la paille et la ruche. Or, qui va travailler là ? sont-ce les mères, occupées de leurs travaux de mères, ou sont-ce les nouvelles-nées? A coup sûr, ce sont les nouvelles-nées. Ainsi les nouvelles-nées, quand il n'y a pas essaim, travaillent entre la ruche et la paille. Veut-on douter si les nouvelles-nées travaillent dans notre boîte? il n'y a pas moyen ; car il est plus dfficile de travailler entre la ruche et la paille, que de travailler dans notre boîte. Veut-on douter si elles se retirent? J'ai l'expérience par les ruches du rucher, que chaque année elles se retirent. Voudroit-on croire qu'avant de se retirer, elles enlèvent le miel? J'ai encore l'expérience, par les mêmes ruches, qu'elles ne le font pas. Et certes, si on ne récoltoit pas le miel et la cire qui sont entre la paille et la ruche, on auroit déjà su cela depuis long-temps.

Croiroit-on, par un grand espace, n'avoir pas d'essaim? J'ai déjà répondu à cela : la nature ne tient nul compte du grand ou petit espace, elle fait essaimer avec du vide, comme elle ne fait pas essaimer, quoique tout soit plus que plein. Ceci m'a toujours été notoire, et je donnerai en preuve les anciennes ruches qui jettent la seconde année, bien que l'espace soit loin d'être rempli; et ces mêmes ruches encore qui, plus que pleines, ne jettent pas et travaillent au dehors. On ne peut résister à des choses qui sont palpables chaque année : si un essaim part, ou si un essaim reste, ce n'est pas dû au plus ou moins d'espace, mais à la nature des choses. Se roidir contre la nature, c'est foiblesse, et c'est jactance que de nous dire qu'on la force. La nature veut un essaim, vous l'aurez : la nature ne veut pas un essaim, vous ne l'aurez pas.

Veut-on que les nouvelles-nées, existant dans leur boîte, ne soient pas entraînées par la reine? Mes ruches du rucher présentent une bien plus grande difficulté. Les nouvelles-nées sont dans une boîte à gauche, où la reine ne va pas, et la reine les entraîne : or, comment la reine, passant et s'agitant dans la boîte des nouvelles-nées, ne les entraîneroit-elle pas mieux ?

A-t-on peur qu'une ruche âgée ne donne pas d'essaims ? Qu'est-ce qu'une ruche âgée ? Est-ce que les mouches existantes de la sixième année sont plus âgées que les mouches qui ont existé la troisiéme année ? La cire est âgée, mais les mouches qui se renouvellent chaque année, et qui aident aux essaims, ne sont pas plus âgées une année qu'une autre. Ainsi une ruche de plusieurs années doit donner autant d'essaims qu'une autre de moins d'années, et j'en ai la preuve. D'ailleurs, si c'est la vieille reine qui part, encore plus de certitude, puisque la reine qui reste est jeune. Une ruche âgée ne peut donc pas donner moins d'essaims, puisqu'elle a une jeune reine, et des mouches semblablement âgées toutes les années.

Redoute-t-on une vieille demeure ? Les mouches ne la redoutent pas, elles la recherchent : aussi doivent-elles avoir autant d'essaims dans une vieille demeure que dans une nouvelle. Ce n'est pas une vieille ruche que les fausses teignes attaquent, puisqu'il y a jeune reine et mouches semblablement âgées toutes les années; c'est une ruche qui dépérit. Pour bien dire, une ruche n'est jamais vieille par rapport aux mouches; elle est vieille par rapport à la cire. Cependant si les mouches la recherchent, c'est qu'elle leur est bonne et favorable : aussi je ne crains rien de ce qu'elles ne craignent pas, et je trouve leur cire bonne autant de temps qu'elles la trouveront telle. Si je les consulte, celle de neuf ans est encore bonne, et nous verrons jusqu'où cela ira.

Si la ruche indiquée ne peut pas manquer son effet par les objections ci-dessus, que voudroit-on dire à présent? Il y a incertitude, si ce sont mères ou nouvelles-nées, ou mélange des unes et des autres qui travaillent dans la boîte appelée des nouvelles-nées. Que vous importe? Il y a cire et miel sans couvain, c'est ce qu'il vous faut : elles abandonnent cette cire et ce miel; c'est ce qu'il vous faut encore. Vous voulez du superflu, non du nécessaire, le voilà : vous voulez une taille libre, aisée, vous l'avez; car vous ne taillez pas, vous enlevez. On peut donc user de cette ruche en toute assurance, et ne point craindre, par cette résolution, de dépenser inutilement.

Vous avez cette année, me dit-on, des ruches de huit et neuf ans; s'il vous arrivoit un jour de voir vos mouches changer l'ancienne demeure en une nouvelle, que feriez-vous ? —— comme elles passeroient de la demeure des mères dans celle des nouvelles-nées, je rapporterois à l'arcade un morceau de bois ou de fer-blanc qui auroit ses neuf portes; je dépouillerois la boîte des mères, et la remettrois. — On voit par là que si vos mouches ne veulent plus un jour de la demeure primitive, vous n'êtes pas embarrassé. — Je ne le suis point, et vous voyez que si les mères échangent leur boîte pour le présent contre celle des nouvelles-nées, un jour elles rentreront dans la leur ; et que quand ce ne seroit pas un ou deux ans après, la boîte des mères, en attendant, serviroit comme boîte des nouvelles-nées. Vous voyez donc que je n'ai rien à risquer de la vieille cire, que je puis laisser mes abeilles faire à leur volonté, et que, tant qu'elles resteront dans la demeure primitive, je pourrai dire avec vérité qu'elles aiment et chérissent cette demeure, puisqu'elles sont à même d'en choisir une nouvelle.

On ne peut faire moins que d'avoir deux boîtes pour deux choses qui ne se ressemblent pas. Comme il faut un espace absolu et nécessaire, il n'y a pas grande dépense à couper cet espace en deux; je n'y vois qu'un dessus de plus : mais pour ce dessus de plus, un logement analogue au travail et une taille aisée. D'ailleurs, ne faut-il pas laisser les mouches se transvaser elles-mêmes, si elles le veulent?

La boîte des mères n'a que quatre choses, toutes quatre utiles : l'anse, les bâtons en croix, les portes et les deux carreaux.

La boîte des nouvelles-nées a trois choses, toutes trois utiles : l'anse, la coupure et l'arcade.

Si l'on veut se servir de ces mots, chambre et antichambre, corps de logis, avant-corps de logis, cour et bâtiment, portail et édifice, scène et avant-scène, je n'en empêche pas : pour moi, je me sers de l'expression propre, et nomme la chose par son usage. La boîte de devant sert aux nouvelles-nées ; je l'appelle boîte des nouvelles-nées : la boîte de derrière sert aux mères ; je l'appelle boîte des mères.

Je fais peindre mes boîtes, sans préjudice pour les abeilles. On peut revenir d'après cela, d'une boîte mince, puisque j'en ai une forte, et du système de l'évaporation. On peut revenir, encore, si l'on veut, du système de la garde des portes ; car, pour garder les portes de l'ancienne méthode, ouvertes tout autour, et de plusieurs pouces de haut, il faudroit plus d'un tiers de la population. Dans les ruches de l'ancienne méthode, les abeilles gardent toutes ;

ou, pour parler mieux, la première qui aperçoit un danger, en donne avis : dans les ruches de nouvelle méthode, c'est de même. On ne doit pas prendre pour une garde, la marche de quelques mouches qui sortent et rentrent, en faisant fort les empressées : tout cela n'est pas une garde, mais du mouvement. Pour garder, au reste, il faut des ennemis que nous ne connoissons pas dans les bonnes ruches, ouvertes tout autour. Et, s'il ne sont pas craints ici, qu'en faut-il conclure ? Qu'une ruche ne dépérit jamais par les ennemis qui l'entourent, mais que, dépérissant, les ennemis fondent sur elle. Car, le dépérissement ne vient pas d'un ennemi du dehors, qui vient exprès en dedans pour détruire ( à ce compte, pas une ruche n'existeroit ); il vient d'un mal interne : et quand ce mal interne se déploie aux yeux de lâches gourmands, alors, se sentant forts, ils tombent sur la foiblesse. Il n'y a donc pas de garde *ad hoc*; elle n'est même pas nécessaire : mais la première qui aperçoit un danger, en avertit.

Faisons une légère comparaison de la deuxième ruche, dite de la Prée, avec la première, dite du rucher. La ruche du rucher n'a pas les quinze cents pouces du haut en bas; elle en a douze d'un côté, et trois de l'autre ; ces trois, dans l'hiver, ne sont pas couverts : ces mêmes trois, au printemps, ont du vide par-dessus. Cette ruche coûte deux fois celle de la Prée. La taille est très-facile ; mais la boîte est collée, et il faut la détacher. La ruche de la Prée, au contraire, a les quinze cents pouces d'une seule tenue ; elle coûte une fois moins, **et** la boîte des nouvelles-nées n'est point collée, ouvrage de moins à faire pour les nouvelles-nées, et peine de moins pour la taille.

On peut ajouter que, pour faire périr les essaims, la ruche de la Prée l'emporte de beaucoup sur la ruche du rucher. En effet, faire à terre un fourneau en brique de six pouces de hauteur, dix pouces carrés, et mettre la boîte dessus, après l'avoir enlevée avec une tôle, est plus vite fait que d'avoir un fourneau à la main, fourneau muni d'un tuyau haut et long pour aller dans le trou de la ruche, et de plus, un morceau de drap interposé entre la ruche et le tuyau pour ne pas noircir la boîte. A cet égard, la ruche de la Prée a l'avantage.

La manière de gouverner les abeilles avec la ruche de la Prée est comme celle du rucher ; on suit les mêmes principes : ainsi, l'on conserve les mères, et l'on fait périr les essaims.

Le rucher de la Prée sera ainsi : il aura en

dedans quinze pieds de long et douze de large.
Dans la largeur sont quatre pieds pour la promenade, deux pieds pour les ruches, et six
pieds des ruches à l'espalier. L'ouverture en devant sera de toute la longueur du rucher, et elle
aura neuf pieds de hauteur du sol au toit. La
porte correspondra à la galerie ou promenade ;
l'enfoncement pour s'asseoir sera de six pieds de
long, six de haut et deux de large : là, au lieu
de banc ou canapé, on mettra un coffre peu
élevé, propre à contenir les choses nécessaires
à l'exploitation du rucher, et sur ce coffre telle
chose qu'on voudra, pour y être assis ou couché
à l'aise. Les murs de l'enfoncement seront boisés,
la galerie sera parquetée à la capucine, jusqu'à
la moitié de la largeur, mise en couleur et cirée :
le reste du terrain, depuis les ruches jusqu'à
l'espalier, sera en briques ou grands carreaux,
allant un peu en pente, et de quelques pouces
au-dessus de la terre du jardin, afin de pousser
les balayures à travers l'espalier. Quant à la cou-
verture et à la fermeture du derrière du rucher
et des côtés, mon sentiment est toujours de
n'user que de bois, pierres et tuiles. J'aime ce qui
dure, ce qui est solide, surtout pour un rucher
où les travaux ne devroient pour ainsi dire pas
se renouveler. Néanmoins, il y a d'autres façons :

il y a le chaume, le coutil ou le bois. Si on veut une tente pour rucher, on n'aura besoin que de bois ou de coutil : bois pour les ruches, bois pour les planches, bois pour le soutien du coutil, et le coutil. De cette manière on se transporte où l'on veut, pourvu que ce soit dans l'hiver. Avec cette façon, un propriétaire vendeur est dessaisi sur-le-champ, et un propriétaire acheteur monté sur-le-champ. Avec cette façon, quelqu'un qui prévoit quelques années d'absence, peut faire passer son rucher à un ami, et le reprendre quand il revient : c'est de toutes les manières la plus commode pour le commerce et le déplacement. Il s'agit de savoir pour la dépense, combien dure le coutil; car, pour le bois, il est de durée.

Si c'est une baraque qu'on veuille élever, ou une boutique en bois peint, on n'usera en tout et pour tout que de bois, et le tout s'enlèvera encore à volonté.

On usera de telle matière qu'on voudra, mais on observera les dimensions : c'est le point essentiel. Il est dit, par exemple, que des ruches à l'espalier il doit y avoir six pieds : or, la hauteur du sol au toit doit toujours être d'une moitié en sus de l'espace compris entre les ruches et l'espalier. Comme il y a six pieds, c'est neuf pieds :

si on ne donnoit que trois pieds, on ne pourroit
ouvrir que de quatre pieds et demi : c'est un
point de rigueur à observer; et je note ceci,
afin qu'on ne rétrécisse point la largeur inconsi-
dérément. Les dimensions pour les étages et pour
le placement des ruches, sont de même obliga-
toires et de rigueur.

Il y a quatre étages : le premier est à un pied,
compris la planche de deux pouces d'épaisseur;
à trois pieds, cinq pieds et sept pieds sont les
trois autres étages, toujours compris la planche
de deux pouces d'épaisseur : la largeur de chacun
des quatre étages est de deux pieds.

Les montans ont sept pieds de hauteur et
trois pouces d'équarrissage; il y a autant de
traverses qu'il y a d'étages. Voici l'emploi de
notre longueur de quinze pieds : à droite, sont
six pieds et demi; à gauche, six pieds et demi,
et au milieu, est une coupure ou passage de
deux pieds. Les montans employant, des deux
côtés, un pied, restent pour les ruches, six pieds
à gauche, et six pieds à droite. Dans les six pieds
à gauche, on place trois ruches : la première
contre le montant, la seconde au milieu, la
troisième contre l'autre montant. Dans les six
pieds à droite, on place trois autres ruches, de
la même façon. Ainsi, voilà, pour le premier

étages, six mères ruches. Le second étage est la répétition du premier, et alors sont placées nos douze mères ruches. Au troisième étage, sont six ruches recevant six essaims, qui viendront en remplacement des mères mortes, s'il y a lieu. Ces six ruches auront leurs boîtes des nouvelles-nées, pour des raisons que nous dirons par la suite. Ainsi, pour ces trois étages, on fait faire dix-huit boîtes des mères, et dix-huit boîtes des nouvelles-nées. Le quatrième étage a sept boîtes, trois à droite, trois à gauche, et une au milieu, au-dessus du passage. Ces sept boîtes se font comme les boîtes des nouvelles-nées, mais sans coupure, sans arcade, et seulement un trou rond, d'un pouce de diamètre en devant, pour la porte. Comme nous ne voulons pas que les vilénies s'assemblent sous le premier étage, et qu'il seroit difficile et malaisé de balayer dessous, nous rapportons des planches au bas pour le fermer, et nous faisons cette opération des quatre côtés. On sait que le parquet va jusque dessous le premier étage, afin qu'il n'éprouve pas d'humidité.

Le plus qu'on peut avoir en essaims, est une fois et demie ce que l'on a de ruches : comme nous avons douze mères ruches, c'est dix-huit essaims. Nous avons de quoi prendre ces dix-huit essaims : car, six boîtes des mères au troisième étage, et sept au quatrième, font pour treize essaims, et six boîtes des nouvelles-nées qu'on intercale, dans le besoin, ou au troisième ou au quatrième étage, font pour dix-neuf essaims. On ne va jamais au-dessus de ce nombre ; et dans ce nombre encore, plusieurs essaims sont petits, foibles, et s'en vont souvent après un peu de cire faite. Le moindre taux de la nature est quelquefois rien, ou bien deux ou trois essaims ; le taux ordinaire est de six, huit, neuf ; et son plus grand taux, quand elle s'efforce, et entre, pour ainsi dire, en fermentation, ce qui arrive une fois en neuf ans, ou deux fois en quinze, est dix-huit. Les boîtes des troisième et quatrième étages suffisent donc pour recevoir les essaims.

Notre rucher étant peu long, il faut user d'art pour l'agrandir : aussi faisons-nous pour cela deux opérations, et en trouvons-nous une troisième toute faite. La première opération est celle du passage qui coupe le rucher en deux, et en fait comme deux ruchers ; car les mouches de gauche ne seront jamais portées à aller trouver celles de droite. La seconde opération est d'ajouter deux pieds de large au troisième étage, afin qu'il y ait une largeur de quatre pieds au lieu de deux. Le rucher donc, coupé dans son milieu et barré à son troisième étage, fera comme quatre ruchers, dont deux pour les mères et deux pour les essaims; et ainsi de chaque côté une séparation des mères et des essaims. La troisième opération est toute faite, et c'est celle de notre boîte des nouvelles-nées. En effet, à raison de cette boîte, le chemin est plus long pour aller d'une ruche à une autre. Concevons la boîte des mères seules, et chaque boîte placée à un pied de distance. A partir du milieu, l'abeille fera un demi-pied, plus un pied, plus un demi-pied, total deux pieds : mais si nous mettons la boîte des nouvelles-nées, elle fera un pied dans la boîte, le demi-pied, le pied, le demi-pied et le pied pour l'autre boîte, total quatre pieds. Le chemin sera donc double, et l'éloignement double par conséquent. En hauteur on jouira du même avantage : il y aura aussi quatre pieds à faire au lieu de deux, et par la barre du troisième étage, il y aura en hauteur le quadruple de deux pieds, ou le double de quatre, huit pieds. Quand les abeilles s'évertueront à l'heure de deux heures devant le rucher, on verra les six mères s'évertuer dessous les planches du troisième étage, et les essaims s'évertuer dessus, ce qui fait une véritable séparation, et de chaque côté comme deux ruchers, un pour les mères, un pour les essaims. Par la coupure et par la barre, on a donc comme quatre ruchers; et par la boîte des nouvelles-nées, on jouit par surplus d'un plus grand éloignement.

Je ne tairai pas que, si une boîte des nouvelles-nées se remplit, il n'y a plus autant d'éloignement; mais il y en aura toujours plus que s'il n'y avoit qu'une seule boîte, puisque toutes les nouvelles-nées ne travaillent pas. On compte que sur six ruches, trois travaillent, et que trois essaiment : trois n'auront donc pas d'ouvrage dans la boîte de devant; et par suite, il y aura éloignement.

Je sais qu'avec beaucoup de bois, on peut isoler chaque ruche, et par là, éloigner les abeilles entr'elles encore plus; mais ce ne seroit pas une perfection, ce seroit avoir le rucher le plus triste et le plus maussade. On ne verroit rien; on ne jouiroit de rien : la gaîté seroit bannie d'un tel rucher. Le premier but en tout art, est de donner de la vie à tout ce qu'on touche; et, pour remplir les buts d'utilité, faire des dispositions agréables, délicates, et, pour ainsi dire même, insensibles. Isoler chaque ruche, est fort grossier, et peut même nuire aux abeilles; car, ce seroit un rucher tout couvert, trop couvert, et, pour ainsi dire, un tombeau. Que les boîtes soient au grand air, c'est le mieux : aussi, ne nous tenons-nous qu'à ces deux choses : couper le rucher en deux et le barrer en deux, ce qui nous procure quatre parties; et nous profitons par surplus d'une troisième chose toute trouvée, la boîte des nouvelles-nées.

Sans isoler chaque ruche, dira-t-on, on pourroit faire moins, en mettant au passage, sous les deux pieds avancés du troisième étage, deux pieds de planches. Cela ne vaudroit pas mieux; car, quoique ce soit faire peu, on n'en ôte pas moins et la vue des ruches et le soleil.

Voici ce qu'il y a à considérer le plus dans notre rucher : 1°. Sa grandeur est moyenne. 2°. Les ruches, tant en hauteur qu'en longueur, sont à une distance convenable. 3°. L'ouverture en avant est grande, et amène en tout temps la température du dehors. 4°. La pluie et la neige n'atteignent point les ruches. 5°. L'espalier fait une clôture qui empêche les bêtes égarées dans le jardin, de pénétrer. 6°. Les quatre pieds de la galerie donnent de la facilité à se promener et à opérer. 7°. L'enfoncement sert de lieu de repos, et a le coffre pour utilité. 8°. Le passage au milieu donne mille aisances et commodités. 9°. A raison de cette coupure et de la barre, les ruches, au lieu d'être réunies en une partie, sont séparées en quatre, ce qui équivaut presque à quatre ruchers. 10°. On jouit de quatre étages sans en avoir rien à souffrir, puisqu'on n'use du troisième et quatrième que trois mois au plus. 11°. Les planches où reposent les ruches se démontent sans dommage, et s'emportent quand on le veut. 12°. Si le rucher est couvert ou enveloppé de coutil ou de bois, le tout s'enlève à volonté; et un propriétaire vendeur est dessaisi sur-le-champ, comme un propriétaire acheteur monté sur-le-champ. 13°. Le rucher et les ruches ne sont à charge au maître en aucun temps : ils n'excitent de plus nul mécontentement dans la maison ; car, d'abord, la dépense une fois faite, c'est une œuvre complète à laquelle il n'y a rien à ajouter ni à retrancher. Ainsi l'on sait où se borner, et l'on sait qu'on se bornera. La dépense, d'ailleurs, est connue d'avance, et l'on se décide d'avance ou à la faire ou à la laisser. La somme ensuite passe le viager : le viager meurt avec la personne, et il ne reste rien : ici il reste les boîtes, les planches, douze mères-ruches vivantes, et enfin tout, si le rucher est de nature à ce qu'on enlève le tout. C'est donc un fonds qu'on a, et non des *loups*, comme on le dit en terme de mécanique. Y a-t-il de l'avantage à placer sur soi plutôt que sur les autres? Oui, sans doute.

Aussi tout propriétaire peu riche, mais économe, peut atteindre à la dépense des ruches et du rucher : il placera sur lui, et bien s'en trouvera. 14°. Si le rucher est bâti en pierres, bois et tuiles, il n'est pas à délaisser en cas qu'on ne veuille plus d'abeilles, et qu'on ait vendu avec elles ruches et planches : ce sera toujours un lieu agréable, et où l'on pourra mettre des fleurs au lieu de ruches. J'entends quelques femmes dire : J'aimerois mieux cela. Hé bien, faites : quand un homme vous succédera, il trouvera la place prête, et remettra les abeilles. 15°. Ce qu'il y a à remarquer le plus, c'est la petitesse du rucher, agrandie par la barre, la coupure et la boîte des nouvelles-nées.

La véritable exposition d'un rucher pour nos pays froids, c'est le midi plein : nous n'avons pas à craindre que la chaleur fasse fondre notre cire ; la boîte est épaisse ; et le soleil qui est élevé dans l'été, ne donne pas sur nos ruches : il n'y donne que quand il s'abaisse ; alors, il fait moins chaud. La véritable exposition, pour les pays chauds, ce n'est pas le levant d'été, qui est le nord-est, ce n'est pas le véritable levant, qui a lieu aux équinoxes : c'est le levant d'hiver, autrement le sud-est. Cette exposition, bonne pour les pays chauds, est nuisible pour nous, au printemps et en automne : aussi, je penche pour le midi plein; on a les trois vents les plus favorables, et par derrière et sur les côtés les plus funestes. Le levant d'hiver est si peu l'exposition qui nous convient, que le soleil se retire à une heure après midi, et que quelque temps après, il fait déjà frais, même en été. Or, que sera-ce au printemps ou en automne ? il fera froid. Je doute fort qu'à l'exposition du levant, les mouches s'évertuent autant devant leurs ruches, à l'heure de deux heures, qu'elle le font à notre exposition du midi. Si le soleil levant réchauffe les ruches, réveille les abeilles, et les fait partir, ce n'est pas toujours, au printemps ou en automne, un avantage. Souvent, le soleil se couvre, après avoir paru, et il s'élève un vent froid. Que feront ces abeilles parties de bonne heure ? ( si toutefois elles partent de meilleure heure que les autres; car, c'est peut-être indécis : n'ayant jamais qu'un rucher chez soi, on ne peut comparer ), que feront elles ? dis-je, elles partiront. Par toutes sortes de bonnes raisons, je conclus pour le midi plein : il em-brasse le plus de ce qu'il y a de bon, et rejette le plus de ce qu'il y a de mauvais.

Dans le printemps, il y a douze ruches qui ont à ramasser; mais, dans l'été, ce ne sont plus douze ; ce sont quinze, dix-huit, vingt, vingt-quatre, et, plus ou moins, jusqu'à trente. En pensant à cela, on ne se permettra vingt-quatre mères-ruches, qu'après mûre réflexion.

Qu'on ne perde pas de vue que douze ruches ne rebuteront jamais, mais que vingt-quatre ou trente-six rebuteront.

Les travaux à faire dans l'année, ne roulent que sur des choses indispensables ; et ces choses ne sont qu'au nombre de six : 1°. visiter au printemps les boîtes des nouvelles-nées, et les tenir propres ; 2°. ôter les toiles d'araignée durant la belle saison ; 3°. ramasser les essaims ; 4°. quand les essaims ne récoltent plus, les faire périr ; 5°. quand les nouvelles-nées se sont retirées dans la boîte des mères, enlever leurs boîtes ; 6°. quand l'hiver est venu, remplacer la mère-morte par l'essaim gardé. Ces six choses se comprennent aisément, s'exécutent de même ; et il n'y a pas de jardinier qui, dans l'occasion, ne puisse être substitué à son maître.

Voici les principaux avantages que procure la méthode de la Prée : 1°. recueillir le plus de miel et de cire possible ; 2°. le plus beau miel et la plus belle cire ; 3°. récolter sans crainte, sans risque, et sans nuire aux abeilles ; 4°. agir et faire le moins possible ; 5°. savoir à quoi se

( 73 )

fixer, s'arrêter, s'en tenir, et avoir devant les yeux une œuvre complète; 6°. outre un partage sans taille avec les abeilles, avoir une boîte des mères non tracassable; 7°. récolter d'une mère par les essaims d'abord, et les autres années, soit que la ruche essaime ou n'essaime pas; 8°. avoir un gain et un plaisir modérés.

Je ne crois pas, Monsieur, si l'on veut y regarder de près, que l'on puisse pousser plus loin les avantages et d'une ruche et d'un rucher; et je crois difficilement aussi que l'on puisse trouver une méthode plus favorable au cultivateur. Si la nature se conduit ainsi que je l'ai dit, on ne peut pas s'écarter d'elle sans préjudice : les résultats au reste feront foi.

*Nota*. Ceux qui voudront connoître cette ruche en nature, ainsi que le rucher, qui a le pouce pour pied, s'adresseront à M. BACOT, libraire, quai Voltaire, n° 5.

# CHAPITRE II.

### De la manière de monter son Rucher.

—

IL y a deux manières de monter son rucher : la première est de ne garder que les essaims qui se sauvent, c'est-à-dire, ceux qui ont fait, en cire, mille pouces cubiques, et de faire périr ceux qui sont en dessous; la seconde est de garder tous les essaims, tels qu'ils viennent, de dépasser le nombre de douze, et ensuite de faire un choix des douze les plus forts, et de faire périr le reste.

J'observe que, si on veut déranger une ruche, il faut ne le faire que dans les gelées et dans des jours où l'on prévoit que les mouches ne sortiront pas. Si on le faisoit en autre temps, on mettroit un désordre affreux dans le rucher. Une ruche dérangée seulement d'un pied, déroute déjà les abeilles; on les voit voler à l'ancienne place du pied dérangé; et c'est avec grande difficulté qu'elles quittent cette place pour venir à leur ruche. Si on use du second moyen de monter son rucher, on aura égard à cela.

A-t-on dix-huit ruches, on fait périr, au commencement de septembre, les six plus foibles; on laisse les douze autres à leurs places, et on ne les range que quand on prévoit plusieurs jours de gelée, ou de très-mauvais temps. Pour les ranger, c'est depuis la mi-décembre jusqu'à la fin de janvier.

Le rucher une fois monté, on n'a toujours que de fortes mères, puisque, pour remplacement, on choisit les plus forts essaims; la peine ne gît donc que dans le commencement.

Pour rapporter un essaim à la place de la mère, c'est toujours depuis la mi - décembre jusqu'à la fin de janvier : celui qui voudroit ne rien déranger, en seroit le maître.

A entendre les auteurs, il semble qu'on doit être déjà riche à la seconde année : la nature ne procède pas si vite. Il y a essaim ordinaire et fort essaim : l'essaim ordinaire fait mille pouces cubiques en cire; le fort essaim fait quinze cents pouces. Si la première année un essaim vous fait quinze cents pouces, il n'est pas dit que vous puissiez récolter à la seconde.

Car d'abord, la ruche peut essaimer, et il n'y a pas d'ouvrage ; en second lieu, si elle n'essaime pas, elle emploie son temps à renforcer ce qu'elle a fait l'année d'avant, et ne fait autre chose : c'est ce qui arrive le plus communément. Remarquons qu'un essaim ordinaire jette plus tôt qu'un fort essaim ; cela contrarie les idées communes, mais cela est vrai. Revenons au fort essaim qui ne donne, la seconde année, ni essaim ni récolte. Que fera-t-il la troisième ? il jettera : par conséquent, on aura un essaim ou deux, et pas de récolte. Que fera-t-il la quatrième ? il fera de l'ouvrage ; et alors, pour la première fois, on récoltera. Les années suivantes, il y aura ou essaim ou récolte.

Passons à l'essaim ordinaire. Il fera, la première année, mille pouces cubiques, en cire : la seconde, il jettera ; alors on aura un essaim ou deux, et pas de récolte. La troisième, il fera de l'ouvrage : s'il en fait beaucoup, on pourra récolter ; s'il en fait peu, on n'aura que le renforcement des ouvrages d'avant : alors, pas d'essaim et pas de récolte ; car, on ne doit récolter que le superflu, et l'ouvrage fait est du nécessaire. La quatrième année, il y aura ou essaim ou récolte : voilà comme les choses vont communément. Une mère qui ne donneroit pas d'essaim, donneroit plus vite à récolter; comme une mère qui donneroit toujours des essaims, donneroit plus tard. Assez ordinairement, il y a alternative, et c'est pourquoi on attend pour récolter. D'après ces vérités, la seconde année n'enrichit donc pas son propriétaire.

Je sais que certains amateurs me diront qu'ils récoltent la seconde année. Oui, la seconde année, s'il n'y a pas eu d'essaims : autrement, c'est la troisième. Mais que récoltent-ils, seconde ou troisième année ? Du nécessaire ? S'ils ne l'éprouvent pas sur l'heure, ils l'éprouveront après. Il faut qu'une mère se fonde en miel : c'est d'absolue nécessité. Il ne manque pas d'années stériles : or, si, la précédente, vous avez récolté, et si, la suivante, il n'y a rien à ramasser, c'est une ruche perdue. Vous avez consommé, elle a consommé ; et, de part et d'autre, vous vous êtes ruinés. Un avantage de notre méthode, c'est de laisser la mère se fonder en cire et en miel, et de ne jamais toucher ni à cette cire ni à ce miel. Il ne faut pas croire néanmoins, parce que nous laissons les abeilles se fonder dans leurs quinze cents pouces, que nous ne récoltions rien ; nous récoltons par les essaims. En effet, une ruche donne-t-elle, la seconde année, un essaim ou deux ? d'après notre méthode , nous en recueillons les fruits.

A l'avantage de ne pas tailler notre ruche , et de ne pas la tracasser, nous joignons celui de la laisser s'établir, et de jouir d'elle d'une première façon, *par les essaims ;* puis, une fois établie, d'en jouir de ces deux façons, *soit que la ruche essaime ou n'essaime pas.* D'après ces considérations, et celle de notre méthode surtout, on ne mettra pas notre ruche au nombre de celles qui ne donnent que la quatrième année; elle donne la seconde ou la troisième, avec l'avantage, pour elle, de devenir forte, s'affermir, et ne manquer de rien dans toute sa vie. Si les amateurs veulent y réfléchir, ils verront que, s'ils récoltent la seconde année, ou s'il y a essaim la troisième, c'est à leur préjudice. Ils ne laissent pas la mère s'établir, et il le faut.

Ajoutons une chose, c'est que, tant que puisse recueillir un amateur, à la seconde ou troisième année, jamais cela n'équivaudra à ce que donne en récolte un essaim , et encore moins, si c'en est deux. L'amateur aura ses essaims, soit ; mais nous lui avons dit que la moitié des essaims mouroit , et que l'autre moitié servoit à remplacer.

Quand on achète des ruches pour se monter,

on doit les vendre quand on est monté, afin de
ne pas faire tort à son rucher, par la quantité.

Celui-là n'a rien à dépenser, qui a des abeilles
à lui dans ses domaines. Si les domaines sont éloignés, on transporte les ruches; et quand on est
monté, on les rend. S'ils ne sont pas éloignés, on
donne ordre de remplir les boîtes de premiers
essaims; on veille même à cela, et le soir on les
apporte au rucher.

# CHAPITRE III.

### Sur les Paroles.

———

Iʟ est incroyable combien on se laisse tromper par les paroles : moi, qui ai quatorze ans d'expérience, je me sens encore touché, pendant quelques heures, de ce que j'entends dire. Je me crois, pendant ce temps, un homme qui ne sait rien et n'a rien fait : il faut que l'impulsion que j'ai reçue soit ralentie, pour que je rentre dans mon bon sens. Voyant alors les choses de sang-froid, je suis incrédule; mais, je l'avoue, on m'éblouit sur l'heure : et je ne suis pas étonné que la vérité touche si peu, puisque le mensonge a sur nous tant d'empire.

Là où l'on voit qu'on ment le plus, c'est quand on avance des choses contre les principes les plus vrais et les plus reconnus. Aussi, un homme qui me dira qu'il a eu d'une même-ruche, et dans une même année, une récolte et des essaims, est pris sur le fait. En général, quand il y a contradiction entre les paroles et les principes, on a menti.

Quand un homme vient me vanter sa ruche, produisant double et triple, je lis l'article huit de la destruction, et je me refroidis. Quand un homme me met plusieurs hausses dans une même année, et en différens mois, je me dis que les abeilles ne travaillent en cire que quinze jours : ainsi, une hausse ou plusieurs peuvent se mettre, mais pas en différens temps. Quand on vient me parler du profit de dix-huit cents francs ou mille écus, ce qui équivaudroit aujourd'hui à cinq mille francs, je me dis que le miel valoit trop peu autrefois, pour avoir une si grosse somme ; et pour me confirmer dans cette pensée, je me répète de nouveau qu'on n'a pas d'une même ruche et dans une même année, une récolte et des essaims. De là, je vois que si on a cent ruches, on ne récolte que sur cinquante. Pour amoindrir encore les choses, je prends le terme moyen du rapport, année commune, et alors, je me refroidis.

On retire des abeilles un bon profit, et l'argent qu'on met sur elles est bien placé : mais ce profit, comme tant d'autres, n'a rien de merveilleux. On n'a jamais vu un paysan, ou un homme de ville, peu riche, s'adonner aux abeilles, pour se faire mille écus d'autrefois, ou cinq mille francs d'aujourd'hui : cette somme est dans la tête des enthousiastes, et non dans la nature. Demandez, d'ailleurs, à celui qui vante les mille écus ou cinq mille francs, s'il les a.

On trouve des gens qui avec de l'esprit, sont très peu au fait des choses. Un particulier à qui on demandoit ce qu'il avoit recueilli de miel, répondit : Cent livres. C'est peu, dit l'homme d'esprit peu instruit ; j'en connois un qui a recueilli trente-quatre mille neuf cents livres. Il ne savoit pas que le particulier aux cent livres étoit cultivateur, et que son homme aux trente-quatre mille neuf cents livres étoit marchand.

Avec moins d'esprit, mais un caractère heureusement né, on ne voit autour de soi que prospérité ; on sourit à ses profits : viennent, pour les appuyer, et petits contes et anecdotes. On demande à un homme aussi heureux ce qu'il a ; il répond par petits contes et anecdotes : lors, dit-on, il a pour profit, sa gaieté, sa bonhomie, ses sourires, et rien de plus.

A cet homme fin, sans malice, succèdent des gens grossiers ; ils n'ont pas plus idée des nombres, que certains, dans la société, des convenances : ils prennent six pour douze , et huit pour vingt.

Vous récriez-vous là-dessus ? un autre plus fin calculera, vous trompera, et vous le croirez, comme Bayard, un chevalier sans peur et sans reproche.

En voulez-vous finir ? pratiquez vous-même , et vous saurez de combien on vous trompe.

Si vous entendez jamais parler de mille écus ou cinq mille francs, croyez que c'est un maraudeur qui se fait cette somme , et non un paisible et noble cultivateur.

Ceux qui veulent voir des abeilles par tout, n'aperçoivent pas que s'il y avoit seulement le double de ce qu'il y a, on retireroit d'elles une fois moins. Ils n'aperçoivent pas non plus que , si on avoit assez de ruches pour se passer de la cire de l'étranger, il faudroit ne sachant plus que faire du miel, le jeter ; car, on le sait, la consommation du miel est petite aujourd'hui ; et sur beaucoup de miel, on obtient peu de cire.

Pour bien parler de ses profits, il faut en venir aux résultats : ainsi, tout miel prêt à vendre, toute cire prête à vendre sont les profits. Qu'importent toutes les autres manières de compter ? on n'en connoît qu'une seule de bonne : J'ai tant de ruches qui m'ont donné à vendre tant de cire et tant de miel.

On ne doit pas rendre compte de ses profits en argent, mais en nature : ce que l'on a retiré en l'an quinze cent, on le retirera en l'an deux mille. La nature, le terme moyen pris, ne varie pas dans sa quantité, l'argent, au contraire, n'a rien de fixe, ni d'arrêté. Je dirai même plus : on peut vendre très-cher dix années, et, les dix suivantes, très-bon marché. Or, cela trompe ; il faut donc dire : J'ai eu tant de ruches qui m'ont donné tant de miel à vendre, et tant de cire ; cela sera pareil en tout temps.

Quand on me dit qu'il y a dans un endroit cent ruches, je cours les voir, et j'en trouve trente. La vérité, enveloppée souvent de deux tiers de mensonges, tient un peu de l'air où nous vivons, dont deux tiers sont impurs et un tiers pur.

# CHAPITRE IV.

### Trois Objections.

——

QUELQUES-UNS des lecteurs de la première partie ont trouvé, contre ma pensée, que la nourriture étoit utile, et que le mariage des essaims étoit une bonne chose. Quant aux articles *élévation*, ils ont eu le bon esprit de voir qu'on ne pouvoit pas m'attaquer par le raisonnement, puisque tout étoit d'expérience, et qu'il falloit, avant de me combattre, expérimenter. Ils se sont ressouvenus du fou *Langeli*, qui dit, pour les sermons, n'aimer pas *le brailler* et n'entendre pas *le raisonner*. Craignant l'application, ils ne m'ont donc fait qu'une simple question : Est-il vrai que la moitié des essaims meurent ? Je vais répondre à ces trois choses.

Je n'ai pas énoncé que la nourriture étoit

inutile, mais presque toujours inutile. J'admets donc quelques exceptions; mais ces exceptions vont-elles loin ? Certes, elles ne vont pas loin, et la règle est que la nourriture est inutile. En effet, ce n'est pas une ruche bien peuplée, et qui a ce qu'il lui faut, que vous nourrissez, c'est une ruche qui n'a rien ou presque rien, et qui a peu de mouches. Or, comment, quand vous fourniriez de la nourriture, ferez-vous venir des mouches ? Une ruche donc, qui n'a pas une quantité suffisante de mouches, ne peut être remontée. Vous m'allez dire que la nourriture venant à l'aide, la reine pondra et aura des mouches. Elle ne pondra pas, 1°. parce que s'il y a une once de nourriture, c'est pour elle, et que la nourriture ne l'empêchera jamais de pondre. Elle ne pondra pas, 2°. parce que la ruche n'est parvenue à ce point de débilité que parce qu'elle n'a pas pondu; qu'elle a mal pondu; ou encore, parce que la ruche s'est vidée par les essaims. Voulez-vous relever ces causes de foiblesse ? Impossible. Vous ne ferez pas que la reine soit meilleure; vous ne ferez pas venir des mouches, et vous ne remonterez pas une ruche foible.

Je n'appelle pas sauver une ruche par la nourriture, une ruche à laquelle on fait traîner sa vie ; qui, nourrie au printemps, va jusqu'en automne; ou qui, nourrie à l'automne, va jusqu'au printemps : mais j'appelle sauver une ruche celle que l'on met en état de donner une récolte et des essaims. Or, voilà ce qui est impossible. On peut bien aider un essaim qui est venu tard, si cet essaim a des mouches, encore y a-t-il qu'on l'achète par la nourriture; mais pour remonter une ruche faite, qui a été forte, et qui s'est affoiblie, c'est de la nourriture donnée en vain. On ne sauroit croire combien il faut de puissance pour remonter un animal foible : la nature elle-même n'y sait rien faire ; et toujours elle voue à la mort l'animal qui s'est affoibli : vous pourrez donc faire traîner la vie à une ruche, mais vous ne lui ferez jamais donner une récolte et des essaims.

Il faut prévenir une erreur dans laquelle on peut tomber : souvent on ne voit pas de miel, et il y en a de caché; si on croit avoir sauvé la ruche, on ne l'a pas sauvée, elle l'étoit.

Je rends de grandes actions de grâces à ceux qui sauvent des ruches, cela est difficile; mais ce qui ne l'est pas, c'est de marier les essaims.

Mes voisins et moi nous avons fait des mariages, mais nous ne mêlions que deux essaims, et cela ne nous réussissoit pas. Depuis que j'ai appris qu'en en mêlant quatre, cinq et même six, on réussissoit, j'ai dit alors : On peut faire des mariages ; et je ne doute plus.

Cela toutefois ne m'a pas fort touché ; car, au fait, pourquoi me priverois-je de la récolte de quatre, cinq ou six essaims ? Vous aurez une ruche, dira-t-on, et avec elle vous aurez des essaims. C'est juste ; mais, comme mon nombre est fixé à douze, et que j'ai par les plus forts essaims ce qu'il me faut en cas de perte, qu'ai-je besoin de cette ruche ? On voit donc que les mariages me sont inutiles.

Ils me sont d'autant plus inutiles, que j'ai, dès la première année, ce que ceux même qui font périr les mères n'ont qu'après trois ou quatre ans. L'usage ici n'est pas de faire périr les mères. Or, j'ignore ce qu'on en recueille : je l'ai demandé à une personne sage, raisonnable, non enthousiaste, chez qui cet usage existe, et qui le met elle-même en pratique. Elle m'a dit qu'on recueilloit de vingt à trentes livres : le terme moyen étant vingt-cinq, je demande si quatre, cinq ou six essaims ne me donneront pas cela.

Rien ne donne comme un essaim. J'avancerois

presque en principe que la récolte du premier an n'est jamais surpassée par aucune des autres années ; qu'au premier an seul appartient la plus belle cire, le plus beau miel ; que les nouvelles-nées n'amassent, dans leur plus forte récolte que le tiers de ce qu'a ramassé primitivement l'essaim ; que ce tiers est ce qu'il y a de plus beau, de meilleur, et est, après un certain espace rempli, du superflu ; qu'en conséquence, c'est sur l'essaim et l'ouvrage des nouvelles-nées qu'il faut porter son profit, et non sur l'ancien ouvrage et travail, puisque les mères s'en accommodent ; qu'ainsi on doit laisser l'arbre comme je l'ai dit, et ne cueillir que ses fruits.

Ceux qui sont partisans de la perte des mères, disent qu'après trois ou quatre ans, les ruches s'affoiblissent et dépérissent : mais je demanderai pourquoi on voit des ruches vivre dix, douze, quinze ans ; et pourquoi moi qui en ai de neuf ans à présent, je les vois retourner, après ce laps de temps, à la demeure primitive, quoiqu'elles aient le choix d'une demeure nouvelle. Cela dément donc. et la perte que l'on fait des mères, et les transvasemens : aussi n'ai-je pas besoin de faire périr les mères ni de transvaser.

Qu'ai-je besoin d'essaims artificiels ? Je recueille, soit que la ruche essaime ou n'essaime pas; je suis fixe à douze, et je n'ai pas besoin d'essaims artificiels.

La nourriture, les mariages, les transvasemens, les essaims artificiels sont donc étrangers à ma manière de gouverner les abeilles. Que dites-vous donc d'un homme qui se passe de tout cela?—qu'il est fort heureux de s'en passer. —Eh bien! je pense comme vous, je me trouve fort heureux de m'en passer.

Si ces choses sont étrangères à ma manière, ainsi que d'autres pratiques minutieuses, importunes, nuisibles ou inutiles, on avouera que j'ai à faire et à agir le moins possible. En résultat, mon principe est de n'user d'aucun art, et de laisser tout à faire à la nature : bien entendu que par des principes sûrs, certains et bien fondés, j'aurai pourvu à ne rien faire, et à agir le moins possible.

Me demander si la moitié des essaims meurt, c'est me demander si la moitié des enfans ne meurt pas. La moitié des essaims meurt : je ne le soupçonnois pas d'abord; mais quand je l'ai vu, je l'ai cru. Si cela n'étoit pas ainsi, on verroit un département encombré de ruches. Mais comme il est avéré qu'il n'y en a pas plus dans un temps que dans un autre; comme il est avéré qu'il devroit y en avoir plus à cause de la multitude des essaims, et que cependant tout se balance, on en conclut que la moitié des essaims meurt, puisqu'il n'y a jamais que remplacement, et point d'augmentation.

Voulez-vous une preuve plus forte? Vos quatre, cinq ou six essaims que vous mariez, prouvent que la moitié des essaims meurt.

Amateurs, depuis que vous avez bâti un rucher, avez-vous jamais été dans le cas, par l'augmentation de vos ruches, d'en bâtir un second? Vous dites non : cette réponse prouve donc que la moitié des essaims meurt, et que l'autre moitié ne fait que remplacer.

J'entends souvent dire qu'un homme a quatre cents ruches. En prenant le terme moyen du produit des essaims, qui est moitié de ce qu'on a de ruches, je trouve deux cents essaims, ce qui fait six cents ruches. L'année d'après, cela devroit faire neuf cents ruches; cependant on dit toujours du même homme : il a quatre cents ruches. Qu'est-ce que cela prouve? que la moitié des essaims meurt, et que l'autre moitié ne fait que remplacer.

Suivant notre manière de compter, où la vérité est d'un tiers, et le mensonge des deux tiers, un homme qu'on dit avoir quatre cents ruches, n'en a que cent cinquante.

Si nous mettons les choses un peu au-dessus du tiers, c'est pour faire à l'égal des autres un compte rond. Voici ce que j'ai entendu cet été. Un de mes voisins, a-t-on dit, avoit quatre cents ruches ; cet hiver il en a perdu trois cents.

Tout ce que je puis dire, c'est que de tous ceux qui m'environnent, pas un n'a été au-dessus de son nombre ordinaire. S'il est arrivé quelquefois qu'on ait été au-delà, ç'a été par fièvre ou soubresaut ; mais de suite on est retombé. Jamais on n'a eu à s'enorgueillir d'une petite surmonte, qu'on en ait été bientôt humilié.

Tous mettent au nombre des profits les essaims ; mais s'il n'y a que remplacement, il n'y a pas de profit : ainsi on n'a donc que deux profits, la cire et le miel. Qu'on envisage notre méthode, il y a réellement les trois profits : nous profitons non-seulement des essaims qui mourroient, mais encore, par notre ruche non taillable, non tracassable, des forts essaims qui remplaceroient.

Je préviens que j'appelle essaim qui meurt, non pas celui seulement qui ne passe pas l'hiver, ou même l'été d'après, mais celui encore qui est mort sans qu'on ait eu de lui, ou des essaims, ou une récolte : car s'il n'a rien donné, il n'a servi à rien, et est dans le cas de celui qui périroit dans l'hiver. On voit donc qu'en comptant que la moitié des essaims meurt, cela va loin, et qu'on ne peut me refuser cette moitié.

Il y a deux manières de gouverner les abeilles : celle de faire périr les mères, celle de conserver les mères, les essaims; et j'amène la troisième, celle de faire périr les essaims.

Pour savoir si j'ai tort ou raison de faire périr les essaims, il faut se demander si la moitié des essaims ne meurt pas. Quand on sera convaincu que cette moitié meurt, on m'accordera son profit : et ce profit, on le regardera comme d'autant plus grand, que la récolte du premier an n'est jamais surpassée par aucune des autres années; et d'autant plus beau, qu'on ne recueille que la crême et la fleur du travail des mouches.

Si je trouve du profit dans une ruche non taillable, non tracassable, on sent que, pour avoir ce profit, il faut user de ma ruche, et qu'on ne feroit qu'une expérience incomplète de ma méthode avec d'autres ruches. Voici le fait : les principes avancés, j'ai cherché une ruche qui pût y répondre parfaitement ; cette ruche est-elle trouvée ? je le crois. Si vous usez d'une autre ruche, elle ne répondra pas à tous nos principes de l'élévation, et par là, l'expérience et les profits seront incomplets.

Mais vos principes sont-ils sûrs ? vous allez en juger : que les plus forts essaims fassent quinze cents pouces cubiques, et que les nouvelles-nées aillent au plus loin à douze cents, cela se voit. Que tout ait dans la nature sa plus grande hauteur, cela se conçoit déjà par la raison ; mais on en sera bien plus convaincu par ceci : Quatre ruches avcient trois mille deux cents pouces cubiques, toutes quatre se sont arrêtées à deux mille sept cents. J'attends quelques années pour qu'elles aillent plus loin, et enfin récolter, c'est en vain ; elles ne font rien au-delà de deux mille sept cents, et je ne récolte pas. Alors j'ôte mille pouces, et mets une boîte de trois cents : toutes quatre remplissent les trois cents, et je récolte. Deux fois déjà j'ai récolté ces ruches, et ma plus âgée est du nombre de celles dont je parle.

Retournent-elles à la demeure primitive ? toutes quatre y retournent. Elles font le nouveau travail dans le côté droit : car, ainsi sont ces ruches qui ont un côté droit, un côté gauche et plusieurs boîtes; elles font, dis-je, le nouveau travail dans le côté droit, laissent ce travail, le froid venant, et retournent au côté gauche, demeure première.

Sont-ce les nouvelles-nées qui travaillent à droite? c'est plus que présumable : car, il n'y a pas abandon de la demeure primitive; elle est remplie. La demeure de droite ne peut donc être pleine que d'un superflu arrivé, c'est-à-dire, des nouvelles-nées. D'ailleurs, il n'y a là que cire et miel, et pas de couvain, preuve que les mères n'y ont que faire, et que la reine n'y va pas.

Toutes ces choses se peuvent voir; en voici une qui s'entend : Les mouches sont-elles engourdies dans les grands froids? je vous ai dit que non; et, dans un froid de dix à douze degrés, vous vous en assurerez.

Mes principes sont donc sûrs ; ils reposent sur des faits visibles, auditifs, et sur lesquels on ne peut se tromper. J'ai déclaré quels ils étoient, et on voit qu'en cela, il n'y a rien de sujet à erreur. Quoique les sens trompent souvent, ici ils ne trompent point, et ne peuvent tromper. Cela décidé, il faut donc établir une ruche sur ces principes; et si ces principes sont vrais, sont réels, n'est-on pas tenté de dire que toute ruche qui s'écarte de la deuxième ruche est fautive? Voici cette ruche rappellée en peu de mots.

Les mères veulent quinze cents pouces : — donnez-leur. — Les nouvelles-nées en veulent douze cents :—donnez-leur.—Les nouvelles-nées fournissent seules au propriétaire : —Faites deux boîtes ; de là, naîtra un partage sans taille avec les abeilles, et une boîte des mères non tracassable.

Ma matière est remplie : s'il vient quelques autres objections, je laisse au lecteur à les réfuter. Il y a dans l'ouvrage et les notions que je viens d'ajouter, tout ce qu'il faut pour cela. Pour avoir mieux à dire, on mettra la chose à l'épreuve : alors, on répondra par soi, et on bravera *le brailler* et *le raisonner*. Cette manière étant la plus sensée, la plus naturelle et la meilleure. je la conseille. Puisse-t-on y voir que j'ai l'expérience pour amie, et pour ennemi le préjugé.

# CHAPITRE V.

De la manière de former le résultat. — De l'art de se maintenir dans sa douzaine de mères-ruches ; et, en cas que l'on veuille plusieurs douzaine de ruches, de l'art de s'arrêter à la douzaine qui seroit préjudiciable. — De la nécessité des principes.

----

Mon intention étant de donner un résultat de douze années, et ne pouvant m'assurer de vivre ce temps, j'indiquerai ici comment je dois m'y prendre pour le former.

Avant de passer à cette indication, il est bon que je m'arrête sur un article qu'on pourroit croire que j'ai oublié. Cet article n'a pas été oublié ; il en a été parlé implicitement dans l'ouvrage ; nous nous proposons de lui donner plus de jour ; le voici : *De l'art de se maintenir dans sa douzaine de mères-ruches.*

Pour exercer cet art, il vient deux choses à l'esprit ; l'une, que, pour avoir toujours son nombre de douze, il faut avoir plus de douze ruches ; et l'autre, que, pour ne point descendre

7

plus bas que douze, il faut toujours avoir plus de douze ruches, afin de n'être pas dans le cas de celui qui se monte. Car si celui qui se monte en est à neuf ruches, on conviendra que si celui qui est monté tombe à neuf ruches, il est comme celui qui se monte. Ainsi, pour exercer cet art avec sûreté, il faut plus de douze ruches d'abord, pour s'entretenir au nombre de douze; et plus de douze aussi, pour ne pas descendre, et n'être pas comme celui qui se monte.

Ce qui se présente à l'esprit est vrai; mais ce n'est pas là l'état de la question : la question est qu'il faut se monter à douze, et s'arrêter. Car, si nous nous montons à seize, par exemple, quel résultat donnerons-nous? Le résultat de seize, et non celui de douze. En effet, nous dit-on avoir eu dix essaims, et nous demande-t-on sur combien de ruches, ne sommes-nous pas obligés d'avouer que c'est sur seize? Or, c'est donc seize ruches qui ont donné dix essaims, et non pas douze. Ce qu'on demande ici, c'est le résultat de douze ruches. En principe : *il faut douze ruches ; se maintenir dans ses douze ruches, et ne donner le résultat que de douze ruches.*

Si on s'arrête à douze, on tombera. — Ce n'est pas sûr......Il y a deux sortes de mortalité : la première est celle qui arrive par une ruche épuisée par les essaims, et celle-là s'aperçoit avant l'automne, ou dans l'automne ; la seconde arrive par la mort de la reine, sans doute, puisqu'on trouve la ruche pleine de miel, et seulement cinq à six cents abeilles mortes ; ce qui prouve que, vu la mort de la reine, les mouches se sont, par désespoir ou désœuvrement, écartées çà et là. Je ne compterai pas au nombre des mortalités la faim et les fausses teignes : les fausses teignes ne sont pas cause de la mort d'une ruche ; elles sont l'effet d'une ruche qui dépérit. Quant à la faim, plusieurs, comme moi, ne la comptent point comme cause de mort, mais attribuent, à moins qu'on n'ait trop pris aux abeilles, le manque de miel et de mouches au dépérissement. Il n'y a donc que les deux sortes de mortalité, dont nous avons parlé. C'est dans la première que consiste l'art de se maintenir dans sa douzaine de mères-ruches. Notez ceci : que la douzaine de mères-ruches doit se suffire à elle-même, tirer tout de son propre fonds, et se réparer sans nulle autre aide que son nombre : aussi, y a-t-il, pour réparer les pertes, les essaims. La première mortalité arrivant par une ruche épuisée par les essaims, il y a, certes, moyen de remédier

7.

à ce manque, puisqu'au lieu d'un seul essaim vous en avez deux ou trois : il y a donc ici réparation pour elles, et profit pour vous.

L'art de se maintenir dans sa douzaine de mères-ruches est fourni par les abeilles; mais cela viendroit à manquer si l'homme ne savoit user de son expérience, et n'étoit doué de ce tact qui décide juste. En effet, on doit faire périr les essaims; mais qui voudroit les faire périr tous, ne sachant pas combien de mères peuvent mourir, tomberoit et échoueroit : il faut donc garder autant d'essaims qu'on croit qu'il peut mourir de mères. Mais, dira-t-on, comment savoir et prévoir cela? on trouve plusieurs ruches mortes après l'hiver. On se trompe : elles sont toutes mortes avant l'hiver. Comme on aime à espérer, on croit qu'une ruche, qui a encore quelques mouches qui vont et viennent, vit toujours; et quand l'hiver est passé, on attribue à l'hiver ce qui étoit déjà accompli en automne. Un homme exercé ne s'y laissera pas tromper; et il gardera autant d'essaims qu'il croira devoir perdre de mères. Lors, il ne déchoira pas; il se maintiendra : la nature lui en a fourni les moyens; il en usera.

Il y a des années où il n'y a pas d'essaims : — Que cela ne vous effraie point ; quand il n'y a pas d'essaims, les ruches sont toutes bonnes, et les mères ne meurent pas : la nature nous aide en cela, et il n'y a pas de risque dans ces années de tomber. Le plus cruel, c'est quand il y a beaucoup d'essaims ; mais aussi la nature fournit-elle de quoi réparer les pertes. Il faut seulement les bien juger : *c'est en quoi consiste l'art de se maintenir dans sa douzaine de mères-ruches.*

Pouvant prévoir la première sorte de mortalité, on ne peut pas prévoir la seconde : elle arrive inopinément, et avec d'autant plus de chagrins pour le propriétaire, qu'il peut s'en moins douter, qu'il ne peut y porter aucun remède, et qu'il se glorifioit d'une bonne ruche. Heureusement que ce cas est rare : il n'arrive pas tous les ans, c'est de loin à loin ; et encore ne perd-on qu'une seule ruche. Quand ce cas arrivera, on sera réduit à onze ruches, au lieu d'en avoir douze : c'est où doit tomber au plus bas un propriétaire habile.

Résumons : *Quand on s'est décidé à un nombre quelconque de ruches, on doit se tenir à ce nombre, et ne pas l'augmenter pour l'entretenir : car, le résultat ne seroit pas le nombre arrêté, mais le nombre augmenté. S'arrêtant donc à douze, il ne faut pas outre-passer ce nombre.*

*Comme la nature nous aide par les essaims à nous entretenir dans le nombre de douze, celui-là aura le mieux cultivé sa douzaine, qui ne tombera pas au-dessous de onze.*

Pour former notre résultat, nous n'usons que de deux choses : 1°. tableau des travaux des douze mères-ruches ; 2°. tableau par année des pertes et des produits des douze mères-ruches.

Par le mot *travail*, j'entends l'âge de la ruche. Je ne prétends pas faire une innovation dans les termes, mais envisager la chose comme elle se comporte. En effet, une ruche qui a six ans quatre mois a fait sept travaux ; et comment ne compterois-je pas ce septième travail, puisqu'il m'a fourni, avant la perte de la ruche et les sept ans, deux ou trois essaims ? C'est bien à raison des années qu'on recueille des mouches, mais c'est encore plus à raison de leurs travaux. Si elles finissoient l'année par le travail, je parlerois d'années ; mais comme elles commencent par le travail et finissent par rien, je parle des travaux. Bien qu'une ruche n'ait pas sept ans, elle a néanmoins fourni sept travaux : comme c'est le travail qui nous intéresse, nous ferons donc mention des travaux.

Le premier travail compte, parce qu'on recueille la cire à la mort de la ruche.

Il n'y a pas de doute qu'un essaim qui remplace une mère-morte ne compte un travail, il l'a fait.

Les ruches ne doivent avoir d'autres noms que ceux d'un numéro : ainsi, n°. 1 , n°. 2, etc., jusqu'à 12. Vous tracez sur une page six colonnes, et sur celle à côté, six autres. Au haut, vous mettez le titre, partie sur une page , partie sur l'autre; et ensuite, à chaque colonne, son numéro. Dessous, vous écrivez 1$^{re}$. ruche; et, suivant les travaux de cette ruche, 1 , 2 , 3 , autant qu'elle fait de travaux. Quand la ruche meurt, vous écrivez ainsi son dernier travail ; exemple : 7. 2$^{e}$. 1.; ce qui veut dire septième travail, et deuxième ruche ayant fourni son premier travail. Et il faut ainsi marquer : car , l'année où une mère meurt, cette même année , il y a un essaim qui remplace, et a fait un travail. Vous marquez donc de cette deuxième ruche tout ce qu'elle fait en travaux; et quand elle meurt, vous écrivez ainsi sa dernière année ; exemple : 6. 3$^{e}$. 1. S'il n'y a pas de remplacement, au lieu de 1 , vous mettez zéro; et à l'année suivante, au dessous, 1 , signifiant premier travail.

Les années du maître se marquent dans une petite colonne à gauche, et les années vulgaires, dans une petite colonne à droite.

Voici ce qu'il y a à remarquer dans le tableau : 1°. la monte ; et on voit que la première année, on s'est monté de trois ruches, la seconde, de quatre, la troisième de cinq : ainsi, la troisième année, le cultivateur a eu ses douze ruches.

2°. Qu'on tombe à onze ruches deux fois : la première, n°. 6, huitième année ; la seconde, n°. 9, onzième année : on sait que cette manière de tomber n'arrive qu'à une ruche remplie de miel, dont la mère est morte inopinément, dont on n'a pas pu prévoir la mort, et par conséquent, avoir un essaim pour remplacement : ainsi, on n'écrit donc pas un travail, mais zéro ; et l'année d'après, on écrit, 1, au-dessous, quand l'essaim vient.

3°. En regardant une colonne de gauche à droite, on sait combien il est mort de ruches dans l'année ; et, en les regardant toutes, soit de gauche à droite, ou de haut en bas, combien il en est mort dans les douze années. Hors 1re. ruche, tout le reste, comme 2e., 3e. etc., se compte comme mort. Car, la première ruche aboutit à deux, comme deux à trois, ainsi de suite : il se trouve ici dix-huit ruches de mortes dans les douze années.

4°. On voit que la ruche qui a fait le plus,

a dix travaux, et que ce n'est pas fini; que d'autres en ont neuf, et que ce n'est pas fini ; que d'autres en ont eu huit et neuf, mais que c'est fini.

5°. Quand on revoit les colonnes, l'on dit : Le n°. 1er. a donné, première ruche, quatre travaux; deuxième ruche, trois travaux; troisième ruche, sept travaux : total, en douze ans, quatorze travaux, dont on ne devroit avoir que douze. Mais cela vient de ce qu'en une même année une ruche a fini, qu'une autre a commencé, et que cela s'est réitéré à deux fois.

On conçoit que si l'on a mal gouverné ses abeilles, et que l'on soit tombé à neuf ruches par négligence ou autres faits, il faut mettre, si la ruche n'est pas remplacée, zéro; car chaque année doit être écrite en travail ou en nullité.

Autant de zéros écrits dans une colonne d'années, marquent autant de déchéances dans la douzaine.

Le modèle du tableau est ci-après :

| ANNÉES du maître | Nos. 1 | 2 | 3 | 4 | 5 | 6 |
|---|---|---|---|---|---|---|
| 1 | 1re ruche. 1 | 1re ruche. 1 | 1re ruche. 1 | 1re ruche. 0 | 1re ruche. 0 | 1re ruche. 0 |
| 2 | 2 | 2 | 2. 2me 1 | 1 | 1 | 1 |
| 3 | 3 | 3. 2me 1 | 2 | 2 | 2 | 2 |
| 4 | 4. 2me 1 | 2 | 3 | 3. 2me 1 | 3 | 3 |
| 5 | 2 | 3 | 4 | 2 | 4 | 4. 2me 1 |
| 6 | 3. 3me 1 | 4 | 5 | 3 | 5 | 2 |
| 7 | 2 | 5 | 6 | 4 | 6 | 3 |
| 8 | 3 | 6 | 7. 3me 1 | 5 | 7 | 4. 3me 0 |
| 9 | 4 | 7 | 2 | 6 | 8. 2me 1 | 1 |
| 10 | 5 | 8 | 3 | 7 | 2 | 2 |
| 11 | 6 | 9 | 4 | 8 | 3 | 3 |
| 12 | 7 | 10 | 5 | 9 | 4 | 4. 4me 1 |

| 7 | 8 | 9 | 10 | 11 | 12 | ANNÉES vulgaires. |
|---|---|---|---|---|---|---|
| 1re ruche. 0 | 1re ruche. 0 | 1re ruche. 0 | 1re ruche. 0 | 1re ruche. 0 | 1re ruche. 0 | 1814 |
| 1 | 0 | 0 | 0 | 0 | 0 | 15 |
| 2 | 1 | 1 | 1 | 1 | 1 | 16 |
| 3 | 2 | 2 | 2. 2me 1 | 2 | 2 | 17 |
| 4 | 3 | 3 | 2 | 3 | 3 | 18 |
| 5 | 4 | 4. 2me 1 | 3 | 4 | 4 | 19 |
| 6 | 5 | 2 | 4 | 5. 2me 1 | 5 | 20 |
| 7 | 6 | 3 | 5 | 2 | 6. 2me 1 | 21 |
| 8 | 7 | 4 | 6 | 3 | 2 | 22 |
| 9 | 8. 2me 1 | 5 | 7 | 4 | 3 | 23 |
| 10. 2me 1 | 2 | 6. 3me 0 | 8 | 5 | 4 | 24 |
| 2 | 3. 3me 1 | 1 | 9 | 6 | 5 | 25 |

La seconde chose pour la formation du résultat, est : tableau, par année, des pertes et des produits des douze mères-ruches.

Ce tableau se fait tel que les choses se comportent : ainsi, on écrit combien au premier mai on a eu de mères-ruches; combien on a eu d'essaims actifs et d'essaims nuls; combien on a fait périr d'essaims, et ce qu'ils ont rapporté en miel et en cire à vendre; car on sait que nous comptons par nature, et non par francs. On sait aussi que nous ne tenons compte que de ce qui est propre à être vendu. On récolte les mères, et on marque ce qu'elles ont donné en cire et en miel. On remplace les mères mortes, et on marque ce qu'elles ont donné en cire; et si une mère morte a du miel, on le marque. Viennent ensuite les articles *récapitulation* et *observation*.

Je vais dire ce que j'entends par essaim nul : un essaim nul est celui qui s'échappe malgré nous, qui s'élève si haut, et disparoît si vite, qu'il nous est impossible de l'attraper. Un essaim nul encore, est celui qui, mis dans la ruche, part après huit ou dix jours, trois jours même, et ne laisse que de la cire : mais je suis loin de regarder comme nul un essaim négligé : rien n'est plus préjudiciable qu'un essaim négligé ; cela fait manquer tout un résultat. Aussi, arrive-t-il qu'il y en ait de cette sorte, il faut, quoique cela soit honteux, les marquer. Il faut savoir, pour l'exactitude, qu'on a manqué un profit qu'on pouvoit retirer.

Je n'appelle pas essaim nul, celui qui, étant pris, retourne à la mère ; comme je ne dis pas que la mère a essaimé, si l'essaim est retourné.

Le tableau par année se fait de suite : une fois le titre mis en haut, il sert pour la première année et les suivantes. Ce qui distingue un tableau d'un autre, c'est l'année du maître et l'année vulgaire mises en chiffres.

*Tableau par année des pertes et des produits des douze mères-ruches.*

### 1. —— 1814.

Le premier mai, j'ai eu douze ruches qui m'ont donné six essaims actifs et deux essaims nuls. J'ai fait périr trois essaims , dont j'ai récolté en cire....... en miel...... La récolte des mères m'a produit en cire..........en miel......... J'ai perdu trois mères que j'ai remplacées par trois essaims. J'ai retiré de la dépouille des mères en cire ....( et si c'est une mère morte avec du miel ) en miel.....

# RÉCAPITULATION.

*Nombre des mères-ruches au 1ᵉʳ mai.* . . . . 12.

*Nombre des essaims.* . . . . 8.

| | | |
|---|---|---|
| Essaims actifs. . . . . 6. | Essaims sacrifiés. . . 3. |
| Essaims nuls. . . . . 2. | Mères mortes. . . . . 3. |
| Essaims morts. . . . 0. | Essaims remplaçans. . 3. |

Tᴏᴛᴀʟ de la cire. . . . .

Tᴏᴛᴀʟ du miel. . . . . .

De sorte que par la récapitulation, douze années ainsi écrites se voient, pour un seul des objets ci-dessus ou pour plusieurs, en un instant. Là où il n'y a rien à marquer, on met zéro. La raison pour laquelle on marque les essaims nuls, c'est que, quoiqu'ils ne servent à rien, les mères ne les ont pas moins donnés ; et cela doit compter dans leurs productions.

Voici sur quoi sont fondés nos deux tableaux : une mère-ruche, comme auteur de sa postérité, est le point d'où l'on doit partir. Or, que donne une mère-ruche ? Trois choses : la cire, le miel et les essaims. Le miel et la cire ne faisant aucun office que d'être toujours miel et toujours cire, le produit à écrire n'est autre que celui-ci : *Tant de miel et tant de cire.* Les essaims au contraire, faisant différens offices, il faut les marquer. Or, nous appelons essaim actif, celui qui doit devenir mère ; essaim nul, celui qui est perdu pour le propriétaire ; essaim mort, celui qui ne passe pas l'année, et ne peut devenir mère ; essaim sacrifié, celui que par notre méthode nous faisons périr ; mère morte, cela s'entend ; et l'essaim remplaçant est l'essaim non sacrifié, tenant lieu d'une mère. Voilà, ce nous a semblé, toutes les vues à considérer pour le second tableau, parlant de la cire, du miel, des essaims, des mères mortes, et de leur remplacement : mais comme il manque encore une vue, nous avons fait un premier tableau, concernant l'âge des mères, ou mieux encore leurs travaux.

Ceux qui conservent les mères et les essaims, ont l'essaim actif, parce qu'ils ont des essaims qui deviennent mères : ils ont l'essaim nul, l'essaim mort, les mères mortes, et ils prennent dans l'essaim actif leur remplacement.

Quant à nous, notre essaim sacrifié est pris dans l'essaim actif et dans l'essaim qui mourra : notre remplacement est, comme celui des autres, dans l'essaim actif. S'il n'y a pas perte de mères, tout l'essaim actif est à nous ; s'il y a perte, nous avons ce qui reste de l'essaim actif, après la perte réparée.

Ceux qui font périr les mères, ont l'essaim actif, l'essaim nul, l'essaim mort, les mères sacrifiées, les mères mortes, et les mères mortes et sacrifiées, remplacées par l'essaim actif.

Après la *récapitulation*, on fera l'article *observation*. Exemple : J'ai remarqué que les mouches avoient plaisir à être couvertes par la boîte de devant. Comme elles aiment les réduits, cela m'a semblé leur plaire : elles trouvent dans cette boîte une solitude chérie où elles ne voient rien qu'elles-mêmes. Comme dans l'hiver elles se mettent sur le devant, il m'a paru que la boîte des nouvelles-nées leur faisoit une bonne doublure, et qu'elle empêchoit aussi la neige de fouetter contre leurs portes, et les boucher. Il m'a paru encore, etc.

Si on craint les souris, mes portes rondes et étroites leur ferment toute entrée. Si on craint le pillage, ma boîte de devant inspire quelque effroi de s'avancer, et cache les foiblesses. Si on craint la faim, ma ruche est approvisionnée pour deux ou trois années. Si on croit les transvasemens bons, utiles et nécessaires, ma ruche en jouit si elle le veut. Craint-on de ne pouvoir nourrir ou faire des mariages ? la boîte de devant sert aux deux choses merveilleusement. Si on craint les fausses teignes, la boîte des mères colée une fois l'est pour toute sa vie, puisqu'on ne la récolte pas, et il n'y a pas d'entrée pour les fausses teignes. Voilà assez de craintes enlevées.

On voit que notre ruche a bien des avantages; mais qu'à raison de la boîte des mères, qui est faite pour n'être pas taillée, elle n'est bonne qu'autant qu'on suit notre méthode. Notre rucher a de même bien des avantages : mais il n'est bon qu'autant qu'on suit notre méthode ; car, sans cela, on a quatre étages ; et, sans la boîte des nouvelles-nées, point d'éloignement.

Les douze ruches n'ont pas besoin d'être numérotées ; le rang indique le numéro : la première et la septième sont au fond ; la sixième et la douzième sont à l'entrée.

Travailler à une sorte de ruches pour le paysan, est un travail sans nécessité ; le paysan n'achète point de ruches. Si le paysan a des abeilles par héritage, jamais il ne se décidera à les habiller et loger mieux que lui; c'est dans la nature. Si le paysan a des ruches à titre de cheptel, il les tient d'un propriétaire, et c'est le propriétaire qui fait les dépenses. Si le propriétaire cultive par les mains d'autrui, il cultive aussi par les siennes ; il agit, il fait agir : il en a les moyens. S'adresser donc à d'autres qu'aux propriétaires, quand on écrit sur les abeilles; c'est ignorer ce qui se passe.

Flatter le propriétaire de peu de dépense, c'est lui dire qu'on ne lui donnera rien de beau, de bon, de solide et de durable. Il doit éviter ce piége, qui tend à lui faire dépenser peu d'abord, plus ensuite, et puis toujours. Le leurre des grandes promesses et des petites dépenses, est de faire dépenser beaucoup, retirer peu, et de dégoûter les gens.

Un petit gouvernement, une dépense connue d'avance et faite une fois pour toutes, est ce qui nous a paru être le mieux.

Veut-on d'un grand gouvernement? Nous y accédons ; mais nous voulons qu'on prenne pour règle, *qu'à chaque douzaine ajoutée, on ait le produit répété, et exactement le même que celui d'une seule et unique douzaine.* C'est là le type qui doit servir au cultivateur, pour savoir s'il doit avoir plus ou avoir moins. Quand, par une douzaine ajoutée, il y a diminution du produit d'une seule et unique douzaine, il y a faute.

Ce ne sera pas une faute que de répéter la dépense autant de fois qu'on voudra ajouter une douzaine : car, si la première douzaine vous a donné le plus de miel et de cire possible, le plus beau miel et la plus belle cire, nos huit avantages enfin, et qu'avec eux vous ayez retiré le plus possible, la deuxième, la troisième, même la dixième douzaine, donneront, si on a agi prudemment et d'après la règle ci-dessus, deux, trois et dix fois ce que donne une. Ce sera appartenir à un seul maître, au lieu d'appartenir à dix. Celui-là n'a donc pas trop de dix douzaines, qui retire d'elles autant que retireroient dix maîtres séparément; et celui-là peut répéter dix fois la dépense sans désavantage, comme chaque maître l'a fait une fois avec fruit.

Dans le cas où l'on a plusieurs douzaines de ruches, les ruchers s'enfilent et se suivent, c'est-à-dire qu'il n'y a qu'une seule galerie et une seule porte : mais néanmoins : pour dix douzaines de ruches, dix ruchers ; car il faut, pour le bien des mouches, que chaque douzaine soit séparée : c'est de rigueur.

Si on se rappelle qu'en usant d'art nous avons coupé notre rucher en quatre, et cela parce que nous en avions aperçu la nécessité, on sentira encore plus de quelle importance il est de séparer chaque douzaine.

Dans chaque rucher, après le premier, on a à faire de moins un des murs de côté, une porte et un enfoncement.

Je suis loin de redouter la lecture des auteurs

8.

qui m'ont précédé; je la sollicite au contraire : je ne puis qu'y gagner. Je suis loin de redouter encore le reproche de la dépense; car il n'y a pas d'amateur qui n'ait dépensé en plusieurs fois le double et le triple de ce que je ne fais dépenser qu'une fois. Il n'y a pas d'amateur encore qui n'ait à dépenser, par suite de temps, le quadruple et le quintuple. Après tant de dépenses successives, et infructueuses le plus souvent, dépenses qu'on a à faire toute sa vie, et qu'on laisse aux descendans à continuer toute leur vie, je donne aux amateurs à décider si ce sera eux ou moi qui laisseront aux héritiers et l'amour des abeilles et un fonds.

Reposons-nous en dernier lieu sur les idées suivantes : pourquoi ai-je une méthode, une ruche et un rucher qui diffèrent essentiellement des autres méthodes, ruches et ruchers? C'est que ces trois choses, chez moi, sont fondées sur des principes. Les principes posés, je me dis : voilà la méthode qu'il faut suivre. Je me dis ensuite : s'il y a tels principes et telle méthode, il me faut telle ruche. Si j'ai telle ruche, telle méthode et tels principes, il me faudra tel rucher. La méthode se suit donc des principes; la ruche, de la méthode et des principes; et le rucher est fait d'après ces trois. Il y a donc accord, harmonie, ensemble, parce que ces trois choses, la méthode, la ruche et le rucher, sont liées aux principes, et naissent d'eux.

En examinant les principes, il s'agit de constater leur vérité : c'est ce que nous avons fait. Cette vérité constatée, il s'agit de savoir si notre méthode vient au plus grand profit du propriétaire; nous l'avons prouvé. Suivant les principes et la méthode, peut-on trouver une meilleure ruche que la nôtre? Je n'affirmerai pas que cela ne se puisse : mais je dirai que, puisqu'il y a deux travaux séparés, il faut deux boîtes; que sur ces deux boîtes il en faut une qui ne soit ni taillable ni tracassable, puisque les abeilles retournent toujours à la demeure primitive, et qu'il faut les pourvoir en nourriture toute leur vie. Dans cette boîte tout doit être pour elles, parce que c'est du nécessaire : dans l'autre boîte, tout doit être pour nous, parce que c'est du superflu ; et ce superflu est prouvé par la retraite que font les mouches dans la boîte de derrière, et n'emportant rien de celle de devant. La ruche, étant simple, très simple, et née de principes simples, peut n'être pas surpassée; cependant nous ne l'affirmons pas : mais, ce qui ne sera pas surpassé, et cela peut s'affirmer, c'est le partage sans taille avec les abeilles, joint à une boîte non collée, et dans laquelle, si elle est prise en son temps, il n'y a réellement aucune mouche Si l'on est d'avis que la boîte de devant ne peut pas être surpassée, voyons si celle de derrière pourroit l'être. La boîte de derrière ne doit être ni taillable ni tracassable : par conséquent, son seul et unique objet est d'être *capace*. Mais quelle capacité lui donnera-t-on? Quelle sera sa hauteur, quelle sera sa largeur? On est embarrassé. Ici les principes nous aident : *les plus forts essaims, disent-ils, font un travail en cire, qui n'excède pas quinze cents pouces cubiques.* La capacité alors est toute trouvée : nous aurons une boîte de quinze pouces de hauteur et dix de largeur; et cette boîte aura encore, ce qu'on recommande, un tiers de hauteur plus que de largeur. Peut-on faire mieux? C'est ce que je laisse à décider. Quant au rucher, il a quatre étages, sans, pour ainsi dire, les avoir. Les deux d'en haut ne servent qu'aux essaims et à aucunes mères : les trois quarts de l'année ils sont nuls; ils ne servent que pendant l'été, temps où les étages élevés n'ont aucun inconvénient. Ce rucher, petit en lui-même, est agrandi par la barre, la coupure et la boîte des nouvelles nées. Enfin, tant pour la ruche que pour le rucher, nous nous y sommes pris de façon qu'on n'eût rien à changer ou innover, sans préjudice pour soi ou pour les abeilles. Pour atteindre ce but, nous n'avons cessé d'y songer; le temps ne nous a jamais paru long dans cette étude, mais très-court : nous avons retourné les choses dans tous les sens, et nous n'étions contens de nous qu'autant qu'il nous paroissoit qu'on n'auroit rien à objecter de bon, et que, par une apparence du mieux, nous ne donnions pas du pire. Si nous avons réussi, c'est que nous avions des principes établis, et que nous les prenions pour guides.

Si nous en venons aux amateurs, nous verrons qu'ils n'ont tant de méthodes, de ruches et de ruchers différens, que parce qu'ils n'ont point de principes, et que chacun peut varier, à son gré, la méthode, la ruche et le rucher. En effet, ils vous disent bien qu'ils font telle chose, pour telle raison; mais un autre dira que, pour telle raison, il fait la chose différemment. S'ils avoient des principes, on décideroit entr'eux; mais ils n'en ont pas, et on en est réduit à dire, *chacun fait comme il l'entend :* voilà bien certainement ce qu'on ne dira pas de nous Ayant des principes, on nous jugera d'après eux : et tout aussi-tôt, on décidera si la chose est bien ou mal faite; et, si on innove, si l'innovation est heureuse ou malheureuse.

Voyez l'avantage qu'ont ceux qui ont des principes, sur ceux qui n'en ont pas. Ceux qui n'en ont pas, ne peuvent, ni se juger, ni juger les autres : aussi, de prime abord. leur paroîtrai-je mauvais à tous, comme ils s'accusent tous, les uns et les autres, de ne valoir rien. Mais à présent, savent-ils que j'ai des principes, quels sont ces principes, et surtout les mettent-ils en pratique, pour en reconnoître et la force et la vérité; alors, ils commencent à entrevoir qu'ils peuvent et se juger et juger les autres. Cet avantage d'avoir des principes est sûrement grand.

Convenons qu'avec des principes, on se juge; qu'on juge les autres, et qu'on en est jugé; et que sans principes, on ne peut, ni se juger, ni juger les autres, ni en être jugé. Ce n'est pas le cas de dire ici : *chacun a ses principes;* car les abeilles, agissant animalement, n'ont qu'une seule façon d'agir, pas plusieurs, et c'est cette seule qu'il faut saisir pour en faire un principe. Disons que sans principes, on ne fait rien qui vaille ; qu'on erre au hasard, et, qu'avec des principes, on fait du mieux qu'on peut. Oui, les amateurs ont eu à eux une méthode, des ruches et un rucher; mais ils n'ont jamais eu de principes. C'est par faute de principes, qu'ils ne

se sont jamais entendus et accordés entr'eux;
c'est par faute de principes, qu'ils se sont récipro-
quement blâmés et méprisés. Toujours, le dernier venu s'est enflé, et a désenflé les autres; il
le pouvoit impunément: il n'y avoit, pour juger
le différend entr'eux, aucune base; ils avoient
vogué tous sans boussole. Si en tout art il y a
des principes, il doit y en avoir pour les abeilles;
mais ces principes ne se décèlent pas par eux-
mêmes : il faut les découvrir. Or, comment
trouver ce trésor caché? C'est dans la conduite
des abeilles. Si on les avoit laissé faire, on
auroit reconnu qu'elles retournoient toujours à
la demeure primitive; et on n'auroit pas avancé
qu'il falloit les transvaser tous les trois ans,
puisque, jusqu'à présent ( et le temps en deviendra sûrement plus long ), elles prouvent trois
fois trois ans, ce qui fait neuf ans. Si on les
avoit laissé faire, on ne se seroit pas décidé à
faire périr les mères, puisque, jusqu'à présent
( et ce sera sûrement plus avec le temps ), elles
prouvent, dans une même demeure, neuf ans
d'existence, et que, dans cette demeure, elles
fournissent toujours et aux essaims et aux ré-
coltes. Enfin, si on les avoit laissé faire, on
auroit reconnu ce qu'elles veulent, ce qu'elles
desirent, ce que nous en pouvons faire, et là-

dessus, on auroit établi ses principes. Comme nous les avons laissé faire ( et comme nous les laisserons toujours faire, puisqu'on sait que, dans toute l'année, nous n'en sommes pas au mois avec elles, mais à six choses ) ; comme, dis-je, nous les avons laissé faire, elles nous ont fourni des principes, et des principes même incontestables. Ils sont visibles jusqu'à ne pas s'y tromper ; ils ne sont pas même fins, ils sont grossiers : aussi, est-ce en les acceptant de cette sorte, et leur donnant entrée dans notre tête, que nous avons eu le bonheur de trouver une bonne méthode, une bonne ruche et un bon rucher. Je desire, si on ne cultive pas les abeilles, qu'on aperçoive, par la raison, ce qu'il y a ici de bon ; mais je desire davantage qu'en agissant aussi rustiquement que nous l'avons fait, on se convainque du tout par l'expérience.

# CHAPITRE VI.

Le résultat de douze années, et fin du Traité succinct
sur les Abeilles.

---

CE chapitre sera rempli en son temps.

NOTA. Cet ouvrage devoit être imprimé il y a un an :
les circonstances ont retardé l'impression, et je n'en
suis pas fâché, puisque je puis attester que les choses
vont comme je le desire. Cette année 1814, les mou—
ches ont travaillé dans les boîtes de devant ; elles ont
ramassé du miel, l'ont laissé, le froid venant, et j'ai
récolté. Je m'attendois bien à cela ; mais encore falloit-
il le voir.

J'ajouterai que ma ruche de neuf ans a essaimé ;
qu'elle se porte bien, et que je compte sur son dixième
travail.

FIN DU TRAITÉ SUCCINCT SUR LES ABEILLES.

# TABLE DES CHAPITRES

## DE LA PREMIERE ET SECONDE PARTIE.

TRAITÉ SUCCINCT SUR LES ABEILLES.

## Première Partie.

### 1813.

### Chapitre Premier.

### *Destruction et Elévation.*

**DESTRUCTION.**

#### 7.

Marier les essaims, mauvais système.

#### 8.

Avoir une ruche grande pour les forts essaims, une ruche moyenne pour les moyens, et une petite pour les foibles, est une illusion.

#### 9.

Les abeilles craignent la fumée comme nous la craignons, et pas davantage.

#### 10.

Toute nouvelle ruche inventée ne rapporte pas plus que les ruches de campagne, et la meilleure des ruches de campagne est égale à la meilleure des ruches inventées.

#### 11.

Les essaims artificiels n'avancent à rien.

## ÉLÉVATION.

#### 1.

Tout à sa plus grande hauteur dans la nature. Les mouches ne travaillent pas indéterminément ; elles s'arrêtent après un travail de deux mille sept cents pouces cubiques.

#### 2.

Les plus forts essaims font un travail en cire qui n'excède pas quinze cents pouces cubiques.

#### 3.

Quand la ruche n'essaime pas, les nouvelles nées, qui sont les travailleuses, ne poussent pas leur travail en cire au-delà de douze cents pouces cubiques.

4.

Quand un essaim a travaillé en cire, selon sa force,
l'année d'après il n'y travaille plus ; cela regarde les
nouvelles nées. En un mot, une abeille qui a travaillé
en cire l'été où elle est née, n'y travaille plus au
printemps suivant.

5.

Quand l'essaim a fait de la cire, suivant sa force, il
n'en fait plus : il n'y a à cela qu'une seule exception.

6.

Tout ce que peut donner une ruche en essaims, naît
dans l'espace de quinze cents pouces cubiques.

7.

Les abeilles retournent toujours à la demeure primitive.

8.

Tant les anciennes nées, que les nouvelles nées, à la
demeure primitive.

9.

Depuis la naissance de la ruche, jusqu'à sa mort, à la
demeure primitive.

10.

Les abeilles ne sont point engourdies dans les grands
froids ; tranquilles dans les froids tempérés, elles ne
disent rien ; sitôt que les grands froids arrivent, elles
bourdonnent, s'agitent, et font leur travail d'hiver,
qui est d'entretenir la chaleur.

11.

La moitié des essaims meurent.

12.

Qu'une ruche essaime ou n'essaime pas, peu importe ;

car l'essaim dans la mère-ruche, ou l'essaim dans la nouvelle ruche, c'est même chose.

### 13.

Le chêne ne nuit point aux abeilles.

### 14.

Il faut une ruche bien close et épaisse : l'abeille est saine.

### 15.

Le rucher le meilleur est celui qui a une température absolument égale à celle de l'air extérieur.



## Seconde Partie.

### 1815.



*Fin de la Table de la première et seconde Partie.*

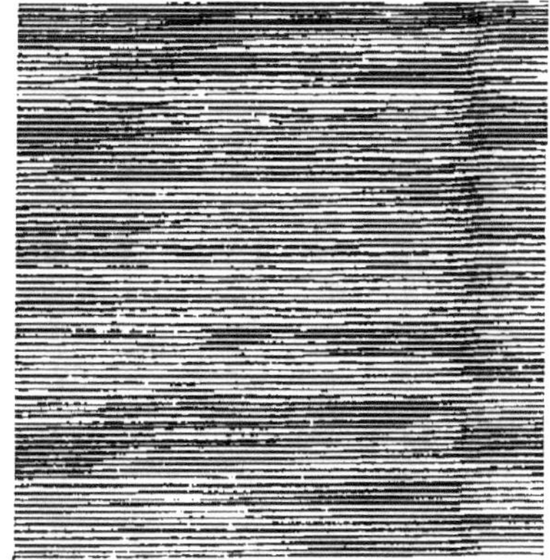

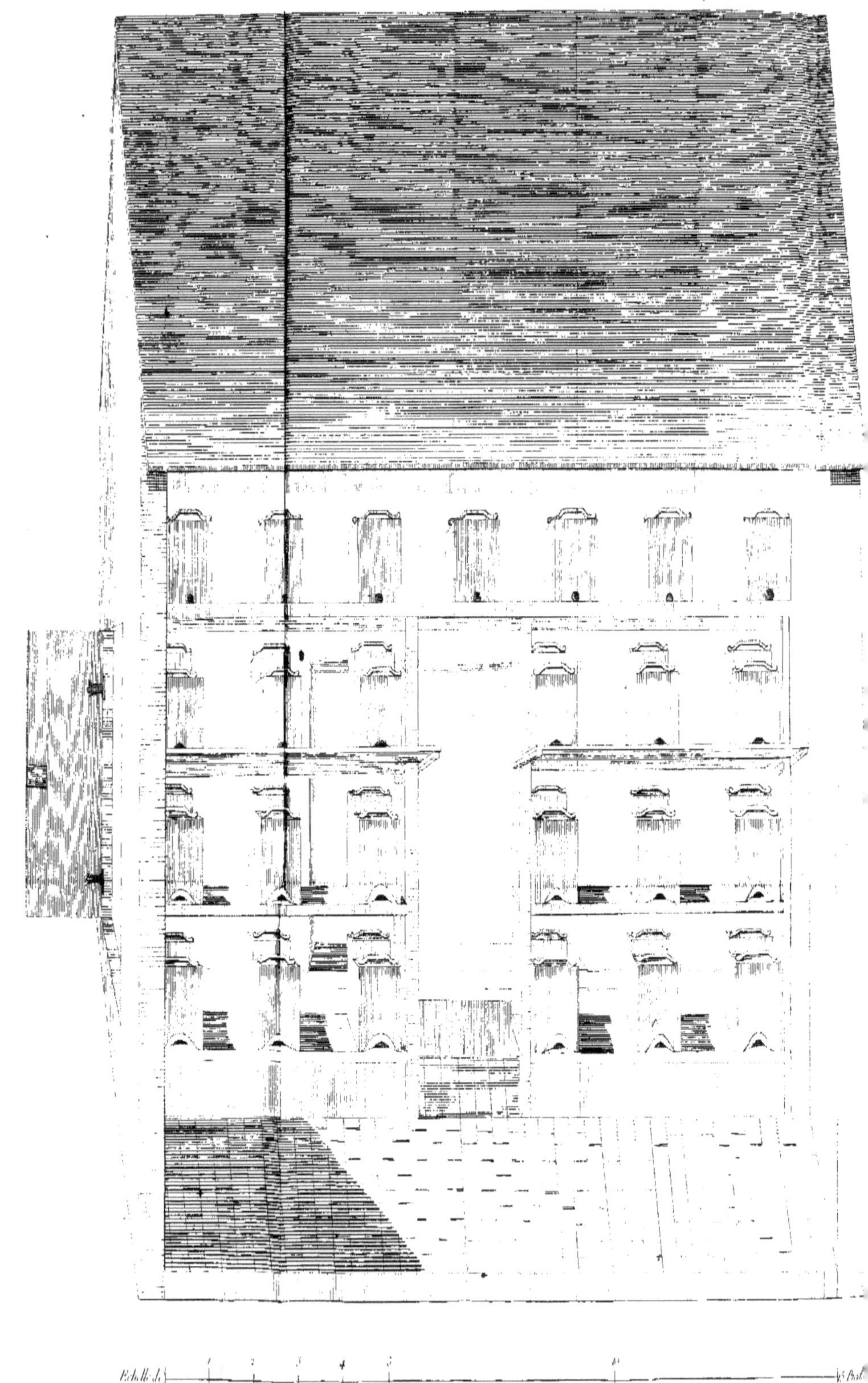



L'Escalier qui doit être placé devant le Rucher étant de forme ordinaire, on n'a pas cru nécessaire de le figurer.

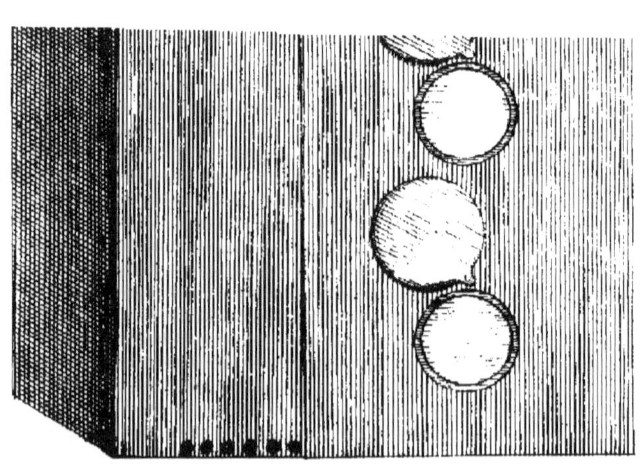

2 Pieds.

Ruche de la Prée.


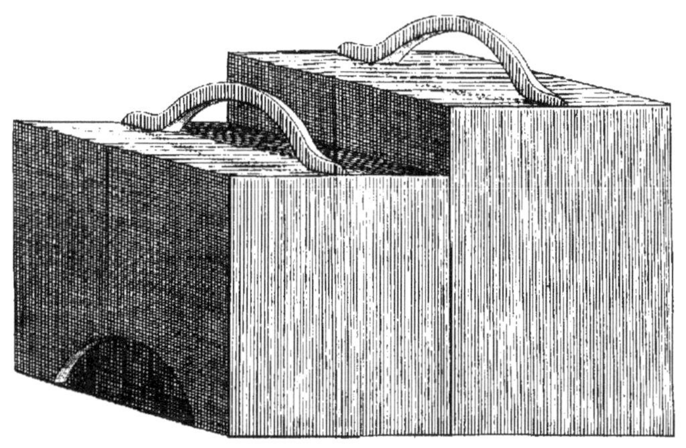


Boîte des nouvelles Nées.


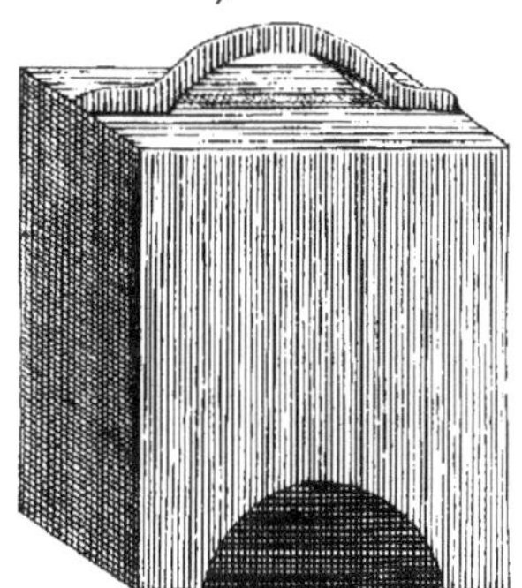


Vue par devant.
Vue par derrière.


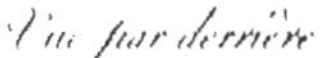


Boîte des Mères.


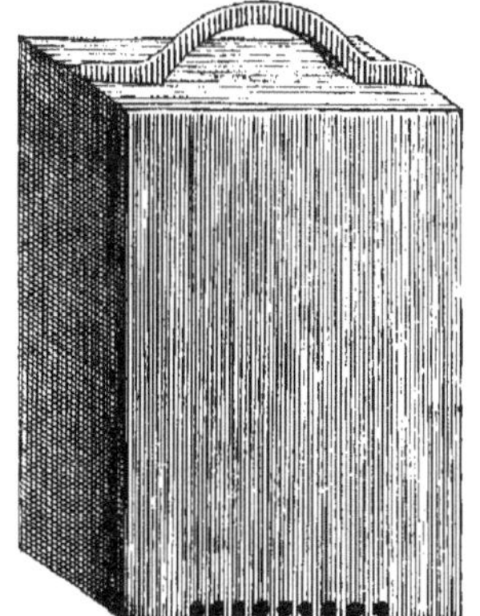


Vue par devant.
Vue par derrière.


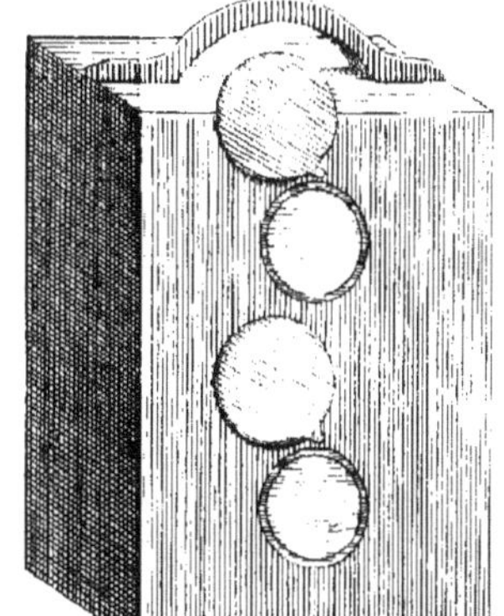


Echelle de
2 Pieds.